草图大师SketchUp 2020 效果表现与制作案例技能 实训教程

吴伟鹏　李延南　黄卓　主编

清华大学出版社

北 京

内 容 简 介

本书以实操案例为单元，以知识详解为线索，从SketchUp最基本的应用讲起，全面细致地对建筑与景观的制作方法和设计技巧进行了介绍。全书共9章，通过案例介绍了自定义工具栏、天空效果的制作、罗马柱模型的制作、根据照片制作建筑模型、场景漫游动画的制作、酒桶材质的制作、居室轴测模型的制作、小型别墅效果的制作、小区建筑场景效果的制作。理论知识涉及SketchUp入门知识、基础操作与显示设置、基本绘图工具、高级建模工具、辅助建模工具、材质与贴图、文件的导入与导出等，大部分章节还安排了针对性的项目练习，以供读者练手。

全书结构合理，用语通俗，图文并茂，易教易学，既适合作为高职高专院校和应用型本科院校计算机辅助设计及艺术设计相关专业的教材，又适合作为广大设计爱好者的参考用书。

图书在版编目（CIP）数据

草图大师SketchUp2020效果表现与制作案例技能实训教程 / 吴伟鹏，李延南，黄卓主编. 一北京：清华大学出版社，2023.5
ISBN 978-7-302-63010-4

Ⅰ.①草… Ⅱ.①吴… ②李… ③黄… Ⅲ.①建筑设计－计算机辅助设计－应用软件－教材 Ⅳ.①TU201.4

中国国家版本馆CIP数据核字（2023）第040072号

责任编辑：李玉茹
封面设计：李 坤
责任校对：鲁海涛
责任印制：丛怀宇

出版发行：清华大学出版社
　　　　　网　　　址：http://www.tup.com.cn，http://www.wqbook.com
　　　　　地　　　址：北京清华大学学研大厦A座　　　　　邮　　编：100084
　　　　　社 总 机：010-83470000　　　　　邮　　购：010-62786544
　　　　　投稿与读者服务：010-62776969，c-service@tup.tsinghua.edu.cn
　　　　　质 量 反 馈：010-62772015，zhiliang@tup.tsinghua.edu.cn
　　　　　课 件 下 载：http://www.tup.com.cn，010-83470236
印 装 者：天津鑫丰华印务有限公司
经　　销：全国新华书店
开　　本：170mm×240mm　　　印　　张：16　　　字　　数：282千字
版　　次：2023年5月第1版　　　印　　次：2023年5月第1次印刷
定　　价：79.00元

产品编号：098545-01

前 言

SketchUp是一款直接面向设计方案创作过程的设计工具，其创作不仅能够充分表达设计师的思想，而且完全能够满足与客户即时交流的需要，使设计师可以直接在计算机上进行十分直观的构思，是创作三维建筑设计方案的优秀工具。为了满足新形势下的教育需求，我们组织了一批富有经验的设计师和高校教师，共同策划编写了本书，以便让读者能够更好地掌握建模及设计技能，更好地提升动手能力，更好地与社会相关行业接轨。

本书内容

本书以SketchUp 2020版本为写作平台，以实操案例为引导，以知识详解为重点，先后对园林景观、建筑模型的绘制方法、操作技巧、理论支撑等内容进行了介绍，全书共9章，其主要内容如下。

章 节	名 称	知 识 体 系
第1章	SketchUp入门轻松学	主要讲解了SketchUp软件及其应用领域、SketchUp的软件界面、优化绘图环境的操作方法、鼠标的应用等知识
第2章	基础操作与显示设置	主要讲解了视图操作、对象的选择、面的操作、对象的显示与设置、实体的显示与隐藏等知识
第3章	基本绘图工具	主要讲解了绘图工具、编辑工具、删除工具的应用等知识
第4章	高级建模工具	主要讲解了组工具、实体工具、沙箱工具的应用及"照片匹配"功能等知识
第5章	辅助建模工具	主要讲解了建筑施工工具、标记工具的应用及漫游与动画等知识
第6章	材质与贴图	主要讲解了SketchUp的默认材质、材质浏览器和材质编辑器、颜色的填充以及贴图的使用与编辑等知识
第7章	文件的导入与导出	主要讲解了SketchUp文件的导入与导出、截面工具的应用等知识
第8章	小型别墅效果表现	主要讲解了小型别墅的模型制作、材质的制作以及室外环境的完善等
第9章	小区建筑场景效果表现	主要讲解了高层建筑模型与材质的制作、别墅模型与材质的制作以及室外环境的完善等

阅读指导

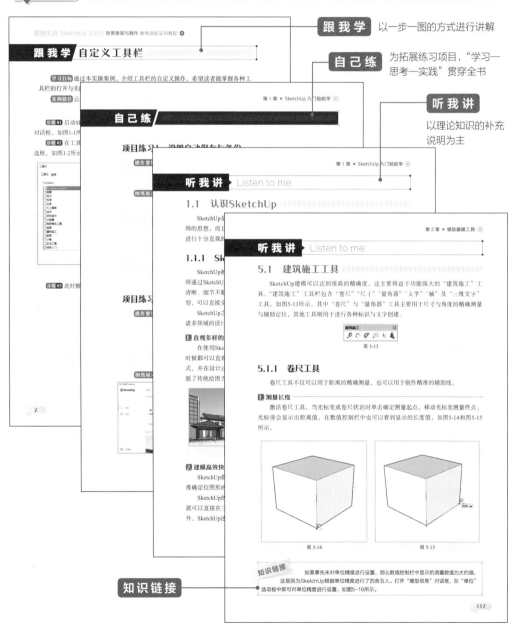

跟我学 以一步一图的方式进行讲解

自己练 为拓展练习项目,"学习—思考—实践"贯穿全书

听我讲 以理论知识的补充说明为主

知识链接

课时安排

　　本书结构合理，讲解细致，特色鲜明，内容着眼于专业性和实用性，符合读者的认知规律，也更侧重于综合职业能力与职业素养的培养，集"教、学、练"为一体。本书的参考学时为64学时，其中，理论学习24学时，实训40学时。

配套资源

- 所有"跟我学"案例的素材及最终文件。
- 拓展练习"自己练"案例的素材及最终文件。
- 案例操作视频，扫描书中二维码即可推送到自己的邮箱。
- 后期剪辑软件常用快捷键速查表。
- 全书各章PPT课件。

　　本书由吴伟鹏、李延南、黄卓编写，其中，吴伟鹏编写第1～4章，李延南编写第5～7章，黄卓编写第8～9章。他们在长期的工作中积累了大量的经验，在写作的过程中始终坚持严谨细致的态度，力求精益求精。但由于时间有限，书中疏漏之处在所难免，希望读者朋友批评、指正。

编　者

扫 码 获 取 配 套 资 源

目录

第**1**章

SketchUp 入门轻松学

第 **2** 章

基础操作与显示设置

第 **3** 章

基本绘图工具

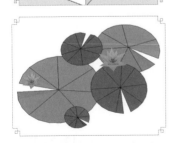

第**4**章

高级建模工具

▶▶▶ 跟我学

根据照片制作建筑模型·······························88

▶▶▶ 听我讲

▶▶▶ 自己练

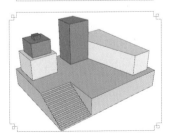

第 **5** 章

辅助建模工具

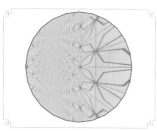

第 **6** 章

材质与贴图

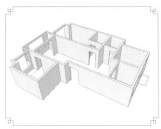

第 **7** 章

文件的导入与导出

▶▶▶ 跟我学

▶▶▶ 听我讲

▶▶▶ 自己练

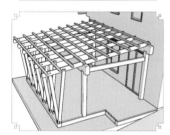
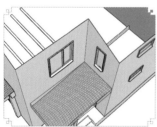

第 **8** 章

小型别墅效果表现

第**9**章
小区建筑场景效果表现

第 1 章

SketchUp
入门轻松学

本章概述

　　SketchUp是一款功能强大且简便易学的绘图工具，它融合了铅笔画的优美与自然笔触，可以迅速地建构、显示、编辑三维建筑模型。本章主要介绍SketchUp软件的应用领域、软件界面以及相关工作环境的设置等知识，为后面章节的学习做一个铺垫。

要点难点

- SketchUp的软件特色与应用领域 ★☆☆
- SketchUp的软件界面 ★☆☆
- 绘图环境的设置 ★★☆
- 鼠标在SketchUp中的应用 ★☆☆

跟我学 自定义工具栏

学习目标 通过本实操案例，介绍工具栏的自定义操作，希望读者能掌握各种工具栏的打开与关闭方法，并尝试制作一个自己常用的工具栏。

案例路径 云盘 \ 实例文件 \ 第1章 \ 跟我学 \ 自定义工具栏

步骤 01 启动SketchUp应用程序，执行"视图" | "工具栏"命令，打开"工具栏"对话框，如图1-1所示。

步骤 02 在工具列表中取消勾选"使用入门"复选框，再勾选"编辑""标准"等复选框，如图1-2所示。

图 1-1

图 1-2

步骤 03 此时被勾选的工具栏都会显示在界面中，如图1-3所示。

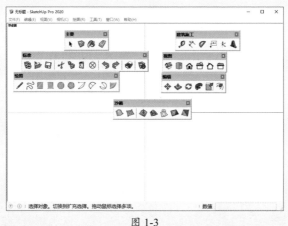

图 1-3

步骤 **04** 在"工具栏"对话框中单击"新建"按钮，系统会弹出Toolbar Name对话框，输入新的工具栏名称，如图1-4所示。

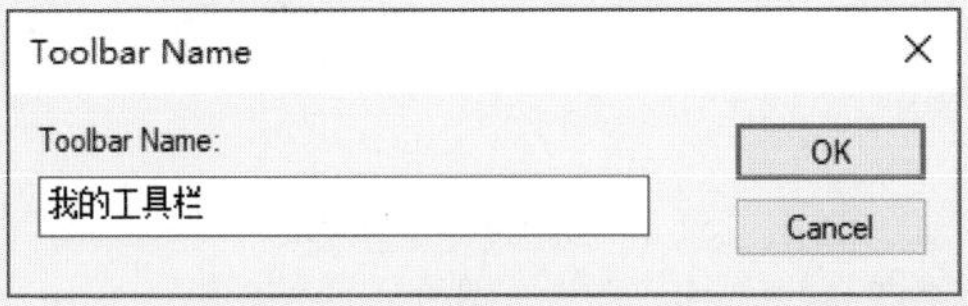

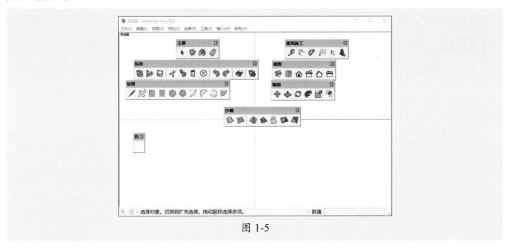

图 1-4

步骤 **05** 单击OK按钮，界面中会多出一个名为"我的工具栏"的空白工具栏，如图1-5所示。

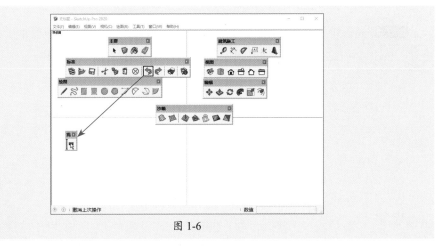

图 1-5

步骤 **06** 从"标准"工具栏中选择"撤销"按钮，按住并拖至新的工具栏中，如图1-6所示。

图 1-6

步骤 **07** 释放鼠标即可将其移动至新工具栏，且原工具栏中也不再显示该按钮。照此方法拖动其他工具按钮至新工具栏，如图1-7所示。

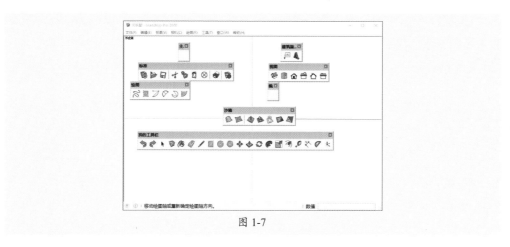

图 1-7

步骤 08 删除不需要的工具栏，并将浮动的工具栏停靠到工作界面边框处，并调整位置，如图1-8所示。

图 1-8

步骤 09 如果想要将工具栏恢复到原始状态，可以在"工具栏"对话框中单击"全部重置"按钮，系统会弹出提示框，单击"是"按钮即可，如图1-9所示。

图 1-9

知识链接　　　自定义工具栏时，在"工具栏"对话框打开的情况才可以进行工具的拖曳。拖曳成功后，原工具栏中的该工具将被移除。在"工具栏"对话框中单击"全部重置"按钮，即可恢复原工具栏的布局。

听 我 讲 Listen to me

1.1 认识SketchUp

SketchUp是一款直接面向设计方案创作过程的设计工具，其不仅能够充分表达设计师的思想，而且能够完全满足与客户即时交流的需要，它使得设计师可以直接在电脑上进行十分直观的构思，是创作三维建筑设计方案的优秀工具。

1.1.1 SketchUp软件简介

SketchUp被建筑师称为最优秀的建筑草图工具，是建筑设计史上的一大革命。设计师通过SketchUp可以直接在电脑上进行十分直观的创作，边构思边表现，随着构思不断清晰，细节不断增加，最终打破设计师思想的束缚，快速形成建筑草图。创作形成的模型，可以直接交给其他具备高级渲染能力的软件进行最终渲染。

SketchUp之所以能够快速、全面地被室内设计、建筑设计、园林景观、城市规划等诸多领域的设计者接受并推崇，主要有以下几个区别于其他三维软件的特点。

1. 直观多样的显示效果

在使用SketchUp进行设计创作时，可以实现"所见即所得"。在设计过程中，任何时候都可以直观观察三维成品，甚至可以模拟手绘草图的效果，快速切换不同的显示方式，并在设计过程中完成实时交流，如图1-10和图1-11所示。SketchUp不但让设计师摆脱了传统绘图方式的繁重与枯燥，同时可以与客户进行更为直接、有效的交流。

图 1-10

图 1-11

2. 建模高效快捷

SketchUp提供三维的坐标轴，在绘制草图时，用户只要留意跟踪线的颜色，就可以准确定位图形的坐标。

SketchUp的"画线成面，推拉成体"操作方法极为便捷，不需要频繁地切换视图，就可以直接在三维界面中轻松绘制出二维图形，然后直接推拉成三维立体模型即可。另外，SketchUp还可以通过数值输入框手动输入数值进行建模，能确保模型尺寸的精准。

3. 便捷使用材质和贴图

SketchUp拥有自己的材质库，用户可以根据需要赋予模型各种材质和贴图，并且能够将材质实时显示出来，从而直观地看到效果。也可以将自定义的材质添加到材质库，以便于在以后的设计中直接应用。材质确定后，还可以随时修改色调，并直观地显示修改结果，以避免反复的试验过程。另外，通过调整贴图的颜色，一张贴图也可以改变为不同颜色的材质。

4. 全面的软件支持与互转

SketchUp虽然俗称"草图大师"，但是其功能不局限于方案设计的草图阶段。SketchUp不但能够在模型的建立上满足建筑制图的高精确度要求，还能完美结合VRay、Piranesi、Artlantis等渲染器实现多种风格的表现效果。

此外，SketchUp与AutoCAD、3ds Max、Revit等常用设计软件可以进行十分快捷的文件转换，能满足多个设计领域的需求。

5. 光影分析直观准确

SketchUp有一套进行日照分析的系统，可设定某一特定城市的经纬度和时间，得到真实的日照效果。投影特性能让人更准确地把握模型的尺寸，控制造型和立面的光影效果。另外，还可用于评估一幢建筑的各项日照技术指标，如在设计居住区过程中分析建筑日照间距是否满足规范要求等。

1.1.2 SketchUp应用领域

SketchUp的适用范围非常广泛，可以满足多种行业人员的使用要求，如规划设计、建筑设计、景观设计、室内设计以及工业设计等，从宏观的城市形态到具体的详细规划，都可以用SketchUp进行分析和表现。

1. 在景观园林设计中的应用

由于SketchUp操作灵活，在构建地形高差等方面可以生成直观的效果，而且拥有丰富的景观素材库和强大的贴图材质功能，SketchUp图样的风格非常适合景观设计表现。图1-12所示为SketchUp制作的景观园林场景。

图 1-12

2. 在建筑设计中的应用

SketchUp在建筑设计中应用较为广泛，从前期现场场地的构建，到建筑大概形体的确定，再到建筑造型及立面设计，SketchUp都以其直观、快捷的优点渐渐取代其他三维建模软件，是建筑师在方案设计阶段的首选软件。另外，在建筑内部进行空间推敲、光影变化及日照间距分析、建筑色彩及质感分析、方案的动态分析及对比分析等方面，SketchUp都有方便、快捷的直观显示。图1-13所示为SketchUp创建的建筑方案。

图 1-13

3. 在室内设计中的应用

室内设计的宗旨是创造满足人们物质和精神生活需要的室内环境，包含视觉环境和工程技术方面的需求，设计的整体风格和细节装饰在很大程度上受业主的喜好和性格特征的影响。SketchUp能够在已知的户型图基础上快速建立三维模型，添加门窗、家具、电器等组件，并且附上各种材质贴图，向业主直观显示室内效果。图1-14所示为利用SketchUp创建的室内场景效果。

图 1-14

4. 在城市规划设计中的应用

SketchUp在规划行业以其直观、便捷的优点深受设计师的喜爱，不管是宏观的城市空间，还是较小、较详细的规划设计，SketchUp辅助建模及分析功能都大大开阔了设计师的思维，提高了规划设计的科学性与合理性。目前，SketchUp被广泛应用于控制性详细规划、城市设计、修建性详细设计以及概念性规划等不同类型的规划项目中。图1-15所示为SketchUp构建的城市规划场景。

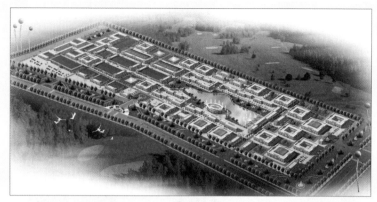

图 1-15

1.2　SketchUp的软件界面

SketchUp以简单明快的操作风格在三维设计软件中占有一席之地，其界面非常简洁，初学者很容易上手。

1.2.1　欢迎界面与操作界面

软件安装完成后，启动SketchUp应用程序，首先出现的是SketchUp欢迎界面，其中主要包含"文件"和"学习"两个部分。"学习"页中提供了SketchUp论坛、SketchUp Campus、SketchUp视频三个网站链接，单击即可直接跳转到目标网站，如图1-16所示。

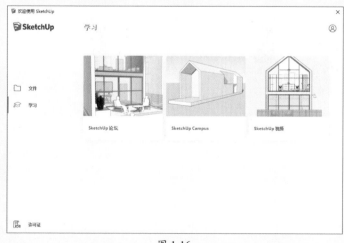

图 1-16

"文件"页中提供了很多模板,设计者可以根据自己的需求选择相应的模板进行设计建模,如图1-17所示。

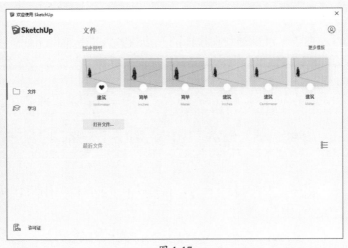

图 1-17

SketchUp的设计宗旨是简单易用,其默认工作界面也十分简洁。单击模板即可进入SketchUp的工作界面,它主要由标题栏、菜单栏、工具栏、状态栏、数值控制栏以及中间的绘图区构成,如图1-18所示。

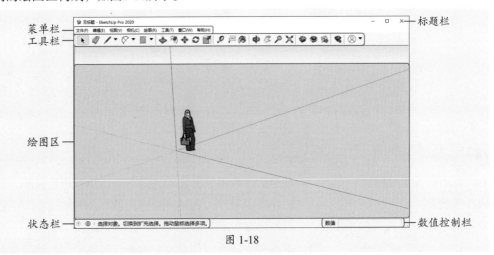

图 1-18

1. 标题栏

标题栏位于绘图窗口的顶部,包含右边的标准窗口控制(关闭、最小化、最大化)和窗口所打开的文件名。用户启动SketchUp并且当前打开的文件名为"无标题"时,系统将显示空白的绘图区,表示用户尚未保存自己的作业。

2. 菜单栏

菜单栏显示在标题栏下方,提供了大部分的SketchUp工具、命令和设置,由"文件"

"编辑""视图""相机""绘图""工具""窗口""帮助"8个主菜单构成，每个菜单都可以打开相应的子菜单及次级子菜单。

3. 工具栏

工具栏是浮动窗口，可以排列在视窗的左边或者大工具栏的下面，也可以根据个人习惯进行设置。默认状态下的SketchUp仅有横向工具栏，主要为"绘图""测量""编辑"等工具按钮。

> **知识链接**　　在初始界面是看不到大工具栏的，需要执行"视图"|"工具栏"命令，选择"大工具栏"项之后才会显示。

另外，执行"视图"|"工具栏"命令，在打开的"工具栏"对话框中也可以调出或者关闭某个工具栏，如图1-19所示。

图 1-19

4. 状态栏

状态栏位于绘图区的下面，左端是命令提示和SketchUp的状态信息，用来显示当前操作的状态，也会对命令进行描述和操作提示，包含地理位置定位、声明归属、登录以及显示/隐藏工具向导四个按钮。

这些信息会随着绘制的内容发生改变，但是总的来说是对命令的描述，提供修改键并说明如何修改。当操作者在绘图区进行操作时，状态栏就会出现相应的文字提示，根据这些提示，操作者可以更加准确地完成操作。

5. 数值控制栏

数值控制栏位于状态栏右侧，用于在用户绘制内容时显示尺寸信息。用户也可以在数值控制栏中输入数值，以操作当前选中的图形。

在进行精确模型创建时，可以通过键盘直接在输入框内输入"长度""半径""角度"

"个数"等数值，以准确指定所绘图形的大小。

6. 绘图区

绘图区占据了SketchUp工作界面的大部分空间。与Maya、3ds Max等大型三维软件的平面、立面、剖面及透视多视口显示方式不同，SketchUp为了界面的简洁，仅设置了单视口，同时通过对应的工具按钮或快捷键可快速进行各个视图的切换，有效减少了系统显示的负担。而通过SketchUp独有的剖面工具，还能快速实现剖面效果。

1.2.2 主要工具栏

SketchUp的工具栏和其他应用程序的工具栏相似，可以游离或者吸附到绘图区的边上，也可以根据需要拖曳工具栏，调整其大小。

1. "标准"工具栏

"标准"工具栏主要用于管理文件、打印和查看帮助，包含新建、打开、保存、剪切、复制、粘贴、擦除、撤销、重做、打印和模型信息等按钮，如图1-20所示。

图 1-20

2. "编辑"工具栏与"主要"工具栏

"编辑"工具栏包含移动、推拉、旋转、路径跟随、缩放和偏移等按钮，如图1-21所示。"主要"工具栏包含选择、制作组件、材质和擦除等按钮，如图1-22所示。

图 1-21   图 1-22

3. "绘图"工具栏

"绘图"工具栏包含矩形、直线、圆形、手绘线、多边形、圆弧和饼图等按钮。圆弧有两种，分别为根据起点、终点和凸起部分绘制圆弧，从中心和两点绘制圆弧，如图1-23所示。

图 1-23

4. "建筑施工"工具栏

"建筑施工"工具栏包含卷尺工具、尺寸、量角器、文字、轴和三维文字等按钮，如图1-24所示。

5. **"相机"工具栏**

"相机"工具栏是用于控制视图显示的工具,包含环绕观察、平移、缩放、缩放窗口、充满视窗、上一个、定位相机、绕轴旋转和漫游等按钮,如图1-25所示。

图 1-24　　　　　　　　　图 1-25

6. **"样式"工具栏**

"样式"工具栏用于控制场景显示的风格模式,包含X光透视模式、后边线、线框显示、消隐、阴影、材质贴图和单色显示等按钮,如图1-26所示。

7. **"视图"工具栏**

"视图"工具栏中包含切换到标准预设视图的快捷按钮。底视图没有包含在内,但是可以从"样式"菜单中打开。此工具栏包含等轴、俯视图、前视图、右视图、后视图和左视图等按钮,如图1-27所示。

图 1-26　　　　　　　　　图 1-27

8. **"阴影"工具栏**

"阴影"工具栏提供了简洁的控制阴影的方法,包含阴影设置、显示/隐藏阴影以及太阳光在不同日期和时间中的控制,如图1-28所示。

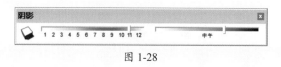

图 1-28

9. **"截面"工具栏**

"截面"工具栏可以很方便地执行常用的剖面操作,包含添加剖切面、显示/隐藏剖切面和显示/隐藏剖面切割等按钮,如图1-29所示。

10. **"沙箱"工具栏**

"沙箱"工具栏常用于地形方面的制作,包含根据等高线创建、根据网格创建、曲面起伏、曲面平整、曲面投射、添加细部和对调角线等按钮,如图1-30所示。

图 1-29　　　　　　　　　图 1-30

1.3 优化绘图环境 //////////////////////////////////////

通常绘图的第一步是进行绘图环境的设置，用户根据自己的操作习惯设置SketchUp的系统参数和模型信息，以提高工作效率。

1.3.1 设置硬件加速

SketchUp是十分依赖内存、CPU、3D显示卡和OpenGL驱动的三维应用软件，运行该软件时需要100%兼容的OpenGL驱动。

SketchUp系统默认是使用OpenGL硬件加速，如果计算机配备了100%兼容OpenGL硬件加速的显卡，那么可以在"SketchUp系统设置"对话框的OpenGL选项板中进行设置，以充分发挥硬件加速性能，如图1-31所示。

图 1-31

如果显卡100%兼容OpenGL，那么SketchUp的工作效率将比软件加速模式要快得多，用户会明显感觉到速度的提升。

1.3.2 设置保存与备份

为了防止断电等突发情况造成文件的丢失，SketchUp提供了文件自动备份与保存的功能。在"常规"选项板中，用户可根据需要勾选相关选项并设置参数，如图1-32所示。

图 1-32

创建备份与自动保存是两个概念。如果只勾选"自动保存"复选框，则数据将直接保存在已经打开的文件上。只有同时勾选"创建备份"复选框，才能够将数据另存在一个新的文件上，这样即使打开的文件出现损坏，还可以使用备份文件。

1.3.3　设置快捷键

SketchUp为一些常用工具设置了默认快捷键，用户也可以根据个人绘图习惯进行自定义，以提高绘图效率。"快捷方式"选项板中列出了所有可以定义快捷方式的命令，右侧则显示了与当前命令相对应的快捷键，如图1-33所示。

图 1-33

下面将对常见的快捷键设置进行介绍，如表1-1所示。

表 1-1

工具	图标	快捷键	工具	图标	快捷键	工具	图标	快捷键
直线		L	手绘线		F	矩形		R
圆		C	多边形		N	圆弧		A
选择		空格键	擦除		E	材质		X
移动		M	推/拉		U	旋转		R
路径跟随		J	缩放		S	偏移		O
卷尺工具		Q	尺寸		D	量角器		V
文字		T	轴		Y	三维文字		Shift+Z
平移		H	缩放		Z	充满视窗		Ctrl+Shift+E
定位相机		I	绕轴旋转		K	漫游		W
上一视图		F8	等轴		F2	俯视图		F3
右视图		F7	前视图		F4	后视图		F5
左视图		F6	绕轴旋转		鼠标中键	制作组件		G

💬 **绘图技巧**

在自定义快捷键时，要注意以下两个问题。

（1）数字键不可以用于定义快捷键，因为需要向数值控制栏输入数值。

（2）字母S、R、X以及／、*是用于辅助向数值控制栏输入数值的。S用于指定多边形、圆或圆弧的段数；R用于指定圆或圆弧的半径；X、／、*则在多重复制阵列中发挥作用。如果用它们定义了别的功能，在发挥它们原来的作用时，就需要先输入数字。

SketchUp本身有一套快捷键方案，用户也可以根据自己的绘图习惯来设置快捷键，不仅可以简化操作，还可以更加高效地完成设计工作。具体操作步骤如下。

步骤01 执行"窗口"|"系统设置"命令，打开"SketchUp系统设置"对话框，切换到"快捷方式"选项板，如图1-34所示。

图 1-34

步骤02 从"功能"列表框中找到需要定义快捷键的命令"偏移"，可以看到该命令已经有指定好的快捷键F，如图1-35所示。

步骤03 选择快捷键F，单击其右侧的"移除"按钮移除指定，如图1-36所示。

图 1-35

图 1-36

步骤04 在"添加快捷方式"输入框中单击，并在键盘上按O键，如图1-37所示。

步骤05 单击"添加"按钮，此时系统会弹出提示框，单击"是"按钮将快捷键O重新指定给偏移工具，如图1-38所示。

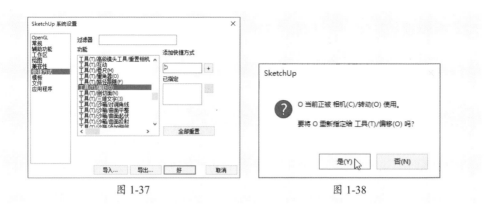

图 1-37   图 1-38

步骤 06 重新指定快捷键后，即可在"快捷方式"选项板中看到结果，如图1-39所示。

图 1-39

步骤 07 用户可以照此方法进行其他快捷键的自定义操作。

步骤 08 设置完毕后，单击"导出"按钮，打开"输出预置"对话框，指定输出路径和文件名，如图1-40所示。单击"导出"按钮即可将设置好的快捷键导出成数据文件。

图 1-40

1.3.4 设置场景单位

SketchUp在默认情况下以美制英寸为绘图单位，而我国设计规范均以毫米（米制）为单位，精度则通常保持为0mm。

在使用SketchUp时，第一步就应该将系统单位调整好。执行"窗口"|"模型信息"命令，打开"模型信息"对话框，再切换到"单位"选项板，如图1-41所示。在选项板右侧可以设置度量单位和角度单位，按照设计习惯选择"十进制"格式中的"毫米"为长度单位，其余选项则使用默认值。

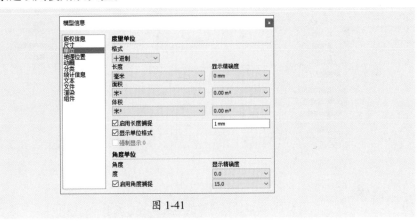

图 1-41

💬 **绘图技巧**

在开启SketchUp时，会弹出启动面板，在"模板"选项板中也可以设置毫米制的建筑绘图模板。

1.3.5 设置场景坐标

与其他三维建筑设计软件一样，SketchUp也使用坐标系来辅助绘图。SketchUp的坐标轴是三条有颜色的线，且相互垂直，如图1-42所示。绿色的坐标轴代表X轴，红色的坐标轴代表Y轴，蓝色的坐标轴代表Z轴，其中实线轴为坐标轴正方向，虚线轴为坐标轴负方向。

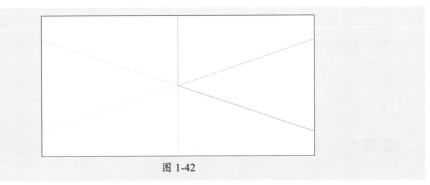

图 1-42

从菜单栏中选择"视图"菜单，在展开的菜单列表中可以选择显示或隐藏坐标轴，如图1-43所示。在绘图区的坐标轴上单击鼠标右键，在弹出的快捷菜单中可以选择"放置""移动""对齐视图""隐藏"等命令，如图1-44所示。

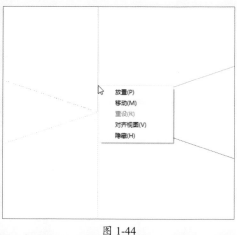

| 图 1-43 | 图 1-44 |

知识链接　　用户可以通过任意两条轴线来定义一个平面，例如红、绿轴平面相当于"地面"。在屏幕上绘图时，SketchUp会根据用户的视角来决定相应的绘图平面，因此在工作中保持三维空间的方向感很重要。

在绘图过程中，根据需要可以对默认坐标轴的原点、轴向进行修改，以便进行后续的绘图操作。要通过不同的坐标轴绘制两个不同轴向的模型，操作步骤如下。

步骤 01 启动SketchUp，单击"矩形"按钮，捕捉坐标轴轴心，绘制一个矩形，如图1-45所示。

步骤 02 单击"推拉"按钮，按住矩形并向上推拉，制作出长方体，如图1-46所示。

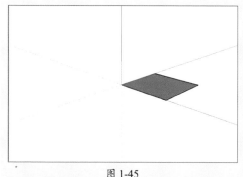

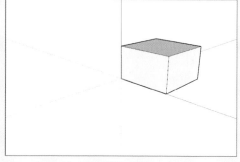

| 图 1-45 | 图 1-46 |

步骤 03 单击"圆形"按钮，在绘图区可以看到当前的绘图平面为红、绿轴平面，如图1-47所示。

步骤 04 执行"工具"|"坐标轴"命令，在工作区中指定一点作为新坐标轴的轴心，如图1-48所示。

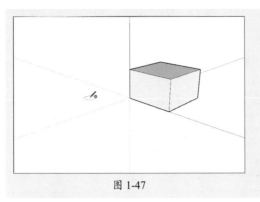

图 1-47

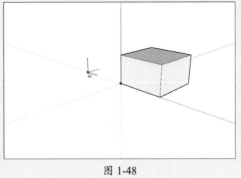

图 1-48

步骤 05 单击鼠标指定轴心，然后移动光标指定红色轴线方向，如图1-49所示。

步骤 06 单击鼠标，再移动光标指定绿色轴线方向，如图1-50所示。

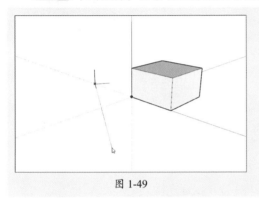

图 1-49

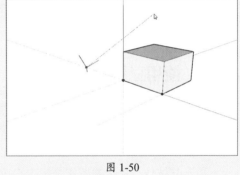

图 1-50

步骤 07 再次单击鼠标，即可完成坐标轴的重设，如图1-51所示。

步骤 08 单击"圆形"按钮，在红、绿轴平面绘制一个圆形，如图1-52所示。

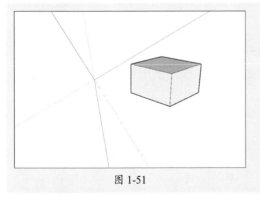

图 1-51

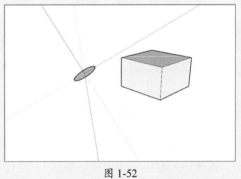

图 1-52

步骤 09 单击"推拉"按钮，按住圆形向上推拉，制作出圆柱体，此时就可以看到不同坐标轴下绘制模型的角度变化，如图1-53所示。

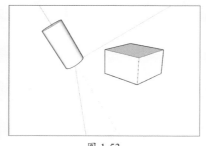

图 1-53

1.4 在SketchUp中使用鼠标

SketchUp既可支持三键鼠标，又可支持单键鼠标（常见于Mac计算机）。由于三键鼠标能大大提高使用SketchUp的效率，推荐选用三键鼠标。用户必须先了解各种鼠标操作，然后才能开始在SketchUp中绘图。

1.4.1 使用三键鼠标

三键鼠标包含一个鼠标左键、一个鼠标中键（也叫作滚轮）以及一个鼠标右键。下面将介绍在SketchUp中使用三键鼠标的各种常见操作。

- **单击**：单击是指用户快速按下鼠标左键，然后放开。
- **单击并按住**：单击并按住是指用户按下并按住鼠标左键。
- **单击、按住并拖动**：单击、按住并拖动操作是指用户按下并按住鼠标左键，然后移动光标。
- **中键单击、按住并拖动**：中键单击、按住并拖动操作是指用户按下并按住鼠标中键然后移动光标。
- **滚动**：滚动是指用户旋转鼠标中间的滚轮。
- **右键单击**：右键单击是指单击鼠标右键。右键单击一般用来显示快捷菜单。

1.4.2 使用单键鼠标

下面将介绍在SketchUp中使用单键鼠标的各种常见操作。

- **单击**：单击是指用户快速按下然后释放鼠标键。
- **单击并按住**：单击并按住是指用户按下并按住鼠标键。
- **单击、按住并拖动**：单击、按住并拖动操作是指用户按下并按住鼠标键，然后移动光标。
- **滚动**：滚动是指用户旋转鼠标滚动球（在某些Mac计算机上可用）。
- **右键单击**：右键单击是指用户按住控制键的同时单击按下鼠标键。

自 己 练

项目练习1：设置自动保存与备份

操作要领 ①执行"窗口"|"系统设置"命令，打开"SketchUp系统设置"对话框。

②在"常规"选项板中设置"正在保存"选项组的相关参数。

图纸展示 如图1-54所示。

图 1-54

项目练习2：调用模板

操作要领 ①在软件欢迎界面的"文件"选项板中，可以选择系统设定好的模板。

②在软件操作界面执行"窗口"|"系统设置"命令，在"SketchUp系统设置"对话框的"模板"选项板中选择合适的模板。可以看到，"SketchUp系统设置"对话框中的模板列表与欢迎界面中的模板是一致的。

图纸展示 如图1-55和图1-56所示。

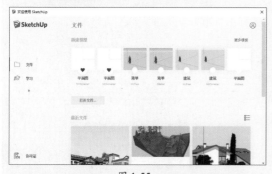

图 1-55

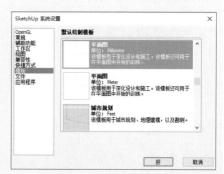

图 1-56

SketchUp

第 **2** 章

基础操作与
显示设置

本章概述

　　SketchUp同AutoCAD一样，具有多种视图显示方式，用户可以利用多种方式来观察场景以及选择物体。另外，它还具有AutoCAD不具备的多种图形显示风格，设计者可以根据需要将场景效果自由变换。本章将主要介绍SketchUp软件的视图控制技巧，以及对象的选择，场景的显示风格与背景设置等知识，使读者可以进一步了解这个软件。

要点难点

- 视图操作　★☆☆
- 对象的选择　★☆☆
- 面的操作　★☆☆
- 对象的显示与设置　★★★
- 实体的显示与隐藏　★★☆

跟我学 制作天空效果 ///////////////////////////////////////

学习目标 本案例将通过水印功能为建筑添加背景天空。水印的功能除了原有的
保护图片原创外，还有很多扩展的应用，其中之一就是作为背景使用。

案例路径 云盘 \ 实例文件 \ 第2章 \ 跟我学 \ 制作天空效果

步骤 01 打开准备好的素材场景，可以看到场景中的模型效果，如图2-1所示。

步骤 02 从默认面板打开"样式"面板，单击"编辑"选项板下的"背景设置"按钮，
当前场景仅设置了背景颜色，如图2-2所示。

图 2-1

图 2-2

步骤 03 勾选"天空"复选框，单击右侧的色块，如图2-3所示。打开"选择颜色"
对话框，设置天空颜色为蓝色。

步骤 04 设置后的视图效果如图2-4所示。

图 2-3

图 2-4

24

步骤 05 切换到"水印"设置面板，勾选"显示水印"复选框，如图2-5所示。

步骤 06 单击"添加水印"按钮⊕，打开"选择水印"对话框，选择准备好的天空素材，如图2-6所示。

图 2-5　　　　　　　　　　　　　　　　　　图 2-6

步骤 07 单击"打开"按钮，即可将图片作为水印添加覆盖到场景中，如图2-7所示。

图 2-7

步骤 08 系统同时会自动弹出"创建水印"对话框，这里选择"背景"选项，则图片会作为背景显示在场景中，如图2-8和图2-9所示。

图 2-8

图 2-9

步骤 09 单击"下一步"按钮，调整背景和图像的混合度，如图2-10和图2-11所示。

图 2-10

图 2-11

步骤 10 单击"下一步"按钮，设置水印的显示方式。这里选择"在屏幕中定位"选项，在右侧选择中上方，再调整图片显示"比例"为最大，如图2-12所示。此时的天空效果如图2-13所示。

图 2-12

图 2-13

步骤11 单击"完成"按钮即可完成水印的添加,"样式"面板中会显示水印的图片,如图2-14所示。

步骤12 切换到"边线"设置面板,勾选"出头"和"抖动"复选框,如图2-15所示。

图 2-14　　　　　　　　　　　图 2-15

步骤13 设置的最终效果如图2-16所示。

图 2-16

读 书 笔 记

听我讲 ▶ Listen to me

2.1　视图操作

在使用SketchUp进行方案设计的过程中，经常会需要通过视图的切换、缩放、平移等操作来确定模型的创建位置或观察当前模型的细节效果。也可以说，熟练地对视图进行操控是掌握SketchUp其他功能的前提。

2.1.1　切换视图

平面视图有平面视图的作用，三维视图有三维视图的作用，各种视图的作用各不相同。设计师在三维作图时，经常要进行视图间的切换。在SketchUp中切换视图，主要是通过"视图"工具栏中的6个视图按钮完成的，如图2-17所示。

图 2-17

单击其中的按钮即可切换到相应的视图，依次为等轴视图、俯视图、前视图、右视图、后视图、左视图，如图2-18～图2-23所示。

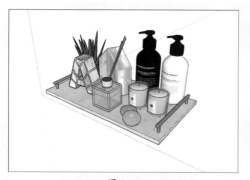

图 2-18

图 2-19

图 2-20

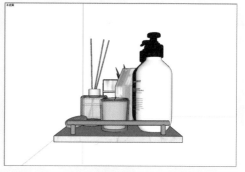

图 2-21

图 2-22

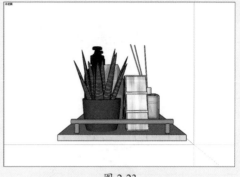

图 2-23

知识链接

SketchUp默认设置为"透视显示",因此所得到的平面与立面视图都不是绝对的投影效果,如图2-24所示。执行"相机"|"平行投影"命令即可得到绝对的投影视图,如图2-25所示。

图 2-24

图 2-25

由于通过计算机屏幕观察模型具有局限性,为了达到三维精确作图的目的,必须转换到最精确的视图窗口进行操作。设计者往往会根据需要即时调整视图到最佳状态,这时对模型的操作才最准确。

2.1.2　旋转视图

在三维视图中作图是设计人员绘图的必需操作,通过工具可以很方便地切换到三维视图进行观察。在介绍旋转视图之前,需要先介绍三维视图的两个类别:透视图与轴测图。

透视图是模拟人的视觉特征,使图形中的物体有"近大远小"的透视关系,如图2-26所示。而轴测图虽然是三维视图,但是距离视点近的物体与距离视点远的物体大小是一样显示的,如图2-27所示。

图 2-26   图 2-27

在任意视图中旋转，可以快速观察模型各个角度的效果，"镜头"工具栏中提供了"绕轴观察"命令按钮。旋转三维视图有两种方法：一种是直接单击工具栏中的"绕轴观察"按钮，直接旋转屏幕以找到观测的角度；另一种是按住鼠标中键不放，在屏幕上转动视图以找到观测的角度，如图2-28所示。

图 2-28

💬 **绘图技巧**

在使用"绕轴观察"工具调整观测角度时，SketchUp为保证观测视点的平稳性，将不会移动相机机身位置。如果需要观测视点随着光标的转动而移动相机机身，可以按住Ctrl键再进行转动。

2.1.3　平移视图

平移工具可以保持当前视图内模型显示比例不变，整体拖动视图进行任一方向的移动，以观察到当前未显示在视图内的模型。

单击"镜头"工具栏中的"平移"按钮，当视图中出现抓手图标时，拖动鼠标即可进行视图的平移操作，如图2-29～图2-31所示依次为原始图效果、向左平移效果、向右平移效果。

图 2-29

图 2-30

图 2-31

　　当今的计算机大多数都配备滚轮鼠标，滚轮鼠标可以上下滑动，也可以将滚轮当中键使用。为了加快SketchUp的作图速度，对视图进行操作时应该最大限度地发挥鼠标的如下功能。

（1）按住中键不放并移动鼠标可实现转动功能。

（2）按住Shift键不放，加鼠标左键实现平移功能。

（3）滚轮鼠标上下滑动实现缩放功能。

2.1.4　缩放视图

绘图是一个不断地从局部到整体，再从整体到局部的过程。为了精确绘图，设计师经常需要放大图形以观察图形的局部细节；为了进行全局的调整，又要缩小图形以查看整体的效果。

通过缩放工具可以调整模型在视图中的显示大小，从而进行整体细节或局部细节的观察，SketchUp的"相机"工具栏中提供了多种视图缩放工具。

▌1.缩放工具

缩放工具用于调整整个模型在视图中的大小。单击"镜头"工具栏中的"缩放"按钮，按住鼠标左键不放，光标从屏幕下方往上方移动是放大视图，从屏幕上方往下方移动是缩小视图。

　　默认设置下缩放的快捷键为Z。此外，前后滚动鼠标滚轮也可以进行缩放操作。

▌2.缩放窗口工具

通过缩放窗口可以划定一个显示区域，位于划定区域内的模型将在视图内最大化显示，如图2-32所示。单击"相机"工具栏中的"缩放窗口"按钮，然后在视图中划定一个区域即可进行缩放，如图2-33所示。

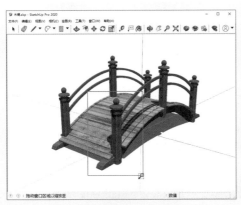
图 2-32

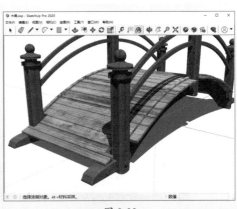
图 2-33

3. 充满视窗工具

充满视窗工具可以快速地将场景中所有可见模型以屏幕中心为中心进行最大化显示。其操作步骤也非常简单，单击"相机"工具栏中的"充满视窗"按钮即可，设置前后效果如图2-34和图2-35所示。

图 2-34　　　　　　　　　　　　　　　　　图 2-35

💬 绘图技巧

在进行视图操作时，难免会出现错误操作，这时使用"镜头"工具栏中的"上一个"按钮🔍或"下一个"按钮🔎，即可进行对视图操作步骤的撤销与返回。

2.2　对象的选择

SketchUp是一个面向对象的软件，即首先创建简单的模型，然后选择模型进行细化等后续工作，因此在工作中能否快速、准确地选择到目标对象，对工作效率有着很大的影响。SketchUp常用的选择方式有一般选择、框选与叉选及扩展选择三种。

2.2.1　一般选择

SketchUp中的选择命令可以通过单击工具栏中的"选择"按钮或者直接按键盘上的空格键来激活。

在选择了一个对象后，如果要继续选择其他对象，则要先按住Ctrl键不放，当视图中的光标变成▶₊时，再单击下一个目标对象即可。例如，利用该方法加选底座，如图2-36和图2-37所示。

图 2-36   图 2-37

💬 **绘图技巧**

    如果按住Shft键不放，则视图中的光标会变成 ▸。这时单击当前未选择的对象就会进行加选，单击当前已选择的对象则会进行减选。

2.2.2 框选与叉选

    以上介绍的选择方法均为单击鼠标进行的，因此每次只能选择单个对象。使用下面介绍的框选与叉选，用户可以一次性完成多个对象的选择。

    框选是指在激活选择工具后，使用鼠标从左至右划出如图2-38所示的实线选择框，完全被该选择框包围的对象都将会被选中，如图2-39所示。

图 2-38   图 2-39

💬 **绘图技巧**

    在使用框选与叉选时一定要注意方向，前者是从左到右，后者是从右到左。这两个选择模式经常使用，特别是在物体较多时，可以一次性选择多个物体。

叉选是指在激活选择工具后，使用鼠标从右到左划出如图2-40所示的虚线选择框，全部和部分位于选择框内的对象都将被选中，如图2-41所示。

图 2-40   图 2-41

💬 **绘图技巧**

在实际操作中应注意以下几方面事项。

（1）选择完成后，单击视图任意空白处，将取消当前所有选择。

（2）按Ctrl+A组合键将全选所有对象，无论对象是否显示在当前的视图范围内。

（3）2.2.1小节中所介绍的加选与减选方法对于框选、叉选同样适用。

2.2.3 扩展选择

在SketchUp中，线是最小的可选择单位，面则是由线组成的基本建模单位，通过扩展选择，可以快速选择关联的面或线。

单击某个面，则这个面会被单独选中，如图2-42所示。

双击某个面，则与这个面相关的线也将被选中，如图2-43所示。

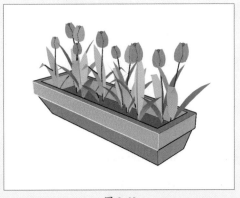

图 2-42   图 2-43

三击某个面，则与这个面相关的其他面、线都将被选中，如图2-44所示。

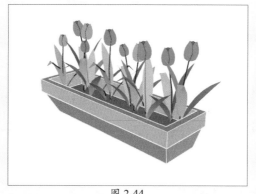

图 2-44

💬 **绘图技巧**

在选择对象上单击鼠标右键，在弹出的快捷菜单中选择"选择"选项，在其次级子菜单中即可选择"边界边线""连接的平面""连接的所有项"等对象，如图2-45所示。

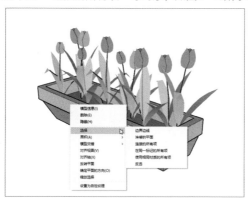

图 2-45

2.3 面的操作

在3ds Max中，模型可以是多边形、面片和网格中的一种或几种形式的组合等，但是在SketchUp中，模型都是由面组成的。所以，SketchUp中的建模是紧紧围绕着以面为核心的方式来操作的。这种操作方式的优点是模型很精简，操作起来很简单，缺点是很难建立造型奇特的模型。

2.3.1 面的概念

在SketchUp中，只要是线性物体（直线、圆形、圆弧）组成了一个封闭、共面的区域，即会自动形成一个面。

一个面实际上是由两个部分组成的，即正面与反面。正面与反面是相对的，一般情况下，需要渲染的面或重点表达的面是正面。三维设计软件的渲染器默认设置一般都是单面渲染，比如在3ds Max中，扫描线渲染器中的"强制双面"复选框是未勾选的。由于面数成倍增加，双面渲染比单面渲染要多花费一倍的计算时间，所以为了节省作图时间，设计师在绝大多数情况下都是使用单面渲染。

如果单独使用SketchUp作图，可以不考虑单面与双面的问题，因为SketchUp没有渲染功能。设计师往往会将SketchUp用作一个中间软件，即在SketchUp中建模，然后再导入其他的渲染器中进行渲染，如Lightscape、3ds Max等。在这样的思路引导下，用SketchUp作图时，必须对所有的面进行统一处理，否则进入渲染器后，正反面不一致，无法完成渲染。

2.3.2　正面与反面的区别

在SketchUp中，通常用黄色或者白色的表面表示正面，用蓝色或者灰色的表面表示反面。如果需要修改正反面显示的颜色，可以从默认面板打开"样式"面板，切换到"编辑"设置面板，再选择"平面设置"选项，调整正面颜色和背面颜色。

用颜色来区分正反面只不过是事物的外表。要真正理解正反面的本质区别，就需要在3ds Max中观察显示的效果。

3ds Max在默认情况下，只渲染正面而不渲染反面。因此在制作室内设计图时，需要把正面向内；而在绘制室外建筑图时，正面需要向外，而且正面与反面一定要统一方向。

2.3.3　面的反转

在绘制室内效果图时，需要表现的是室内墙体的效果，所以这时的正面需要向内。在绘制室外效果图时，需要表现的是外墙的效果，所以这时的正面需要向外。

选择面并单击鼠标右键，在弹出的快捷菜单中选择"反转平面"命令，即可将正面翻转到里面，将深色的反面显示到外面，如图2-46和图2-47所示。

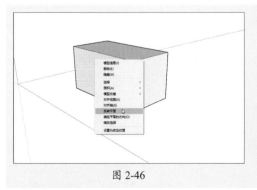

图 2-46

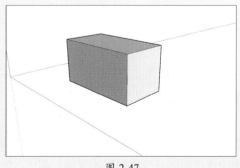

图 2-47

再次单击鼠标右键，在弹出的快捷菜单中选择"确定平面的方向"命令，即可将所有的面都统一为反面，如图2-48和图2-49所示。

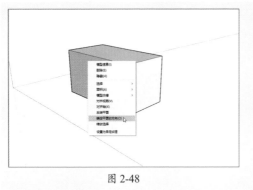

图 2-48

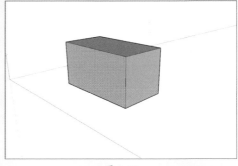

图 2-49

💬 绘图技巧

执行一次"确定平面的方向"命令，只能针对相关联的物体进行反转。如果场景中还有其他的物体，需要再执行一次操作。

2.4 对象的显示与设置

在进行方案设计时，设计师为了让甲方能够更好地了解方案，理解设计意图，往往会从各个角度、用各种方法来表达设计成果。SketchUp作为直接面向设计的软件，提供了大量的显示模式，以便于设计师选择表现手法，满足设计方案的表达。

2.4.1 物体显示样式

SketchUp的"样式"工具栏中包含了"线框显示""消隐""阴影""材质贴图""单色显示""X光透视模式""后边线"7种显示模式，如图2-50所示。

图 2-50

（1）线框显示

该模式是将场景中的所有物体以线框的方式显示，如图2-51所示。在这种模式下，所有模型的材质、贴图和面都是失效的，但是此模式下的显示速度非常迅速。

（2）消隐

该模式仅显示场景中可见的模型面，此时大部分的材质与贴图会暂时失效，仅在视图中体现实体与透明的材质区别，如图2-52所示。

图 2-51

图 2-52

（3）阴影

该模式是介于"消隐"和"阴影"之间的一种显示模式。该模式在可见模型面的基础上，根据场景已经赋予的材质，自动在模型表面生成相近的色彩，如图2-53所示。在该模式下，实体与透明的材质区别也有所体现，因此模型的空间感比较强烈。

（4）材质贴图

该模式是SketchUp中的全面显示模式，材质的颜色、纹理及透明度都将得到完整的体现，如图2-54所示。

图 2-53

图 2-54

知识链接

材质贴图显示模式占用大量系统资源，因此该模式通常用于观察材质以及模型整体效果，在建立模式、旋转、平衡视图等操作时，则应尽量使用其他模式，以避免卡屏、迟滞等现象。此外，如果场景中的模型没有赋予任何材质，该模式将无法应用。

（5）单色显示

该模式是一种在建模过程中经常使用的显示模式，它以纯色显示场景中的可见模型面，以黑色显示模型的轮廓线，空间立体感十分强，如图2-55所示。

（6）X光透视模式

该模式基于前面5种模式，其功能是将场景中所有物体都透明化，就像用X射线扫描的一样。图2-56所示为基于单色模式的X光透视模式效果。在此模式中，可以在不隐藏任何物体的情况下方便地观察模型内部的构造。

图 2-55

图 2-56

（7）后边线

与X光透视模式一样，该模式基于其他模式，其功能是在当前显示效果的基础上以虚线的形式显示模型背面无法观察到的线条。图2-57所示为基于单色显示模式的后边线效果。在当前为"X光透视模式"和"线框显示"模式下时，该模式无效。

图 2-57

💬 **绘图技巧**

对于这几种显示模式，要针对具体情况进行选择。在绘制室内设计图时，由于需要看到内部的空间结构，用户可以考虑用X光透视模式；在绘制建筑方案时，在图形没有完成的情况下可以使用阴影模式，这时显示速度会快一些；图形完成后可以使用材质贴图模式来查看整体效果。

2.4.2 边线显示效果

SketchUp俗称"草图大师"，即该软件的功能有些趋向于设计方案的手绘。手绘方案时，在图形的边界往往会有一些特殊的处理效果，如两条直线相交时出头、使用有一定弯度变化的线条代替单调的直线，这样的表现手法在SketchUp中都可以体现。

1. 设置边线显示类型

打开默认面板，在"样式"面板中可以进行边线设置，如图2-58所示。另外，也可以执行"视图"|"边线类型"命令，在级联菜单中快速设置边线，如图2-59所示。

图 2-58　　　　　　　　　　图 2-59

打开模型，图2-60所示为模型仅显示边线的效果。勾选"轮廓线"复选框，可以看到场景中的模型边线将得到加强，如图2-61所示。

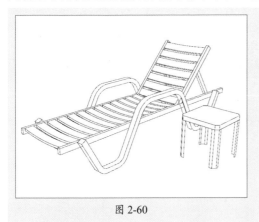

图 2-60　　　　　　　　　　图 2-61

勾选"深粗线"复选框，边线将以比较粗的深色线条显示，如图2-62所示。但是由于这种效果影响模型的细节，通常不予采用。

勾选"出头"复选框，即可显示出手绘草图的效果，两条相交的直线会稍微延伸出头，如图2-63所示。

图 2-62　　　　　　　　　　　　　图 2-63

　　勾选"端点"复选框，边线与边线的交界处将以较粗的线条显示，如图2-64所示。

　　勾选"抖动"复选框，笔直的边界线以稍许弯曲凌乱的线条显示，用于模拟手绘中真实的线段细节，如图2-65所示。

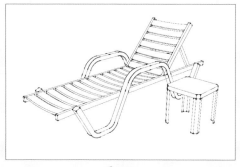

图 2-64　　　　　　　　　　　　　图 2-65

知识链接　　　打开"样式"面板，单击"选择"选项板，在下面的列表中单击"手绘边线"文件夹，如图2-66所示，即可打开"手绘边线"样式库，用户可以任意选择边线的样式，如图2-67所示。

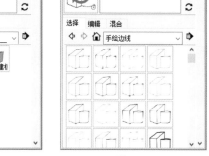

图 2-66　　　　　　　　　　　　　图 2-67

2. **设置边线显示颜色**

默认的下边线以深色显示，单击"样式"面板中的"颜色"下拉按钮，在下拉列表中可以选择三种不同的边线颜色类型，如图2-68所示。

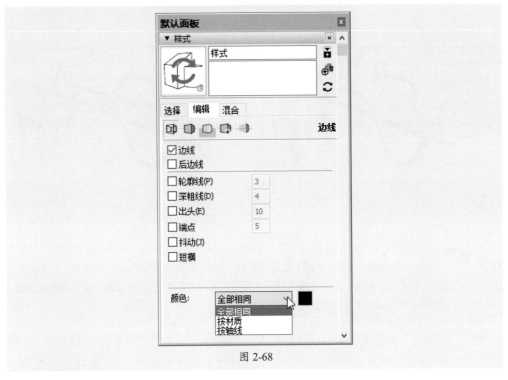

图 2-68

（1）全部相同

默认边线颜色为"全部相同"，单击其右侧的色块可以调整色彩。图2-69和图2-70所示分别为红色边线与蓝色边线的显示效果。

图 2-69　　　　　　　　　　　　　　　图 2-70

（2）按材质

选择该选项后，系统将自动调整模型边线为与自身材质一致的颜色，如图2-71所示。

（3）按轴线

选择该选项后，X、Y、Z轴向上的边线将分别以红、绿、蓝三种颜色显示，如图2-72所示。

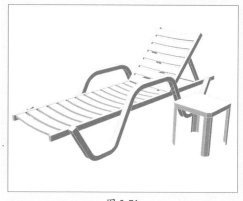

图 2-71 图 2-72

知识链接　　SketchUp无法分别设置边线颜色，唯有利用"按材质"或"按轴线"方法才能使边线颜色有所差别，但这种颜色效果的区分也不是绝对的，因为即使不设置任何边线类型，场景的模型仍可以显示出部分黑色边线。

除了调整以上类似铅笔黑白素描的效果外，通过"样式"面板中的下拉按钮，还可以选择诸如手绘边线、照片建模、颜色集等其他效果，如图2-73所示。各效果下又有多个不同选择，如图2-74所示。

图 2-73 图 2-74

图2-75所示为"混合风格"下"帆布上的笔刷"的显示效果。

图 2-75

2.4.3　设置地理参照

南北半球的建筑物接受日照不一样，因此，设置准确的地理位置，是SketchUp产生准确光影效果的前提。执行"窗口"|"模型信息"命令，会打开"模型信息"对话框，切换到"地理位置"选项卡，可以看到当前模型的地理定位，如图2-76所示。

单击"手动设置位置"按钮，打开"手动设置地理位置"对话框，用户可以手动输入地理位置，如图2-77所示。

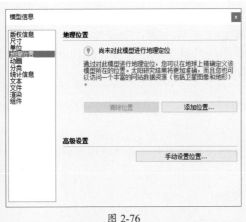

图 2-76

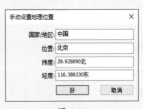

图 2-77

知识链接　　很多用户容易忽略地理位置的设置。由于纬度的不同，不同地区的太阳高度、太阳照射的强度也不一样，如果地理位置设置不正确，则阴影与光线的模拟也会失真，从而影响整体的效果。

2.4.4　设置背景与天空

场景中的建筑物等并不是孤立存在的，需要周围环境的烘托，比如背景和天空。在

SketchUp中，用户可以根据个人喜好进行这二者的设置。

从默认面板中打开"样式"面板，切换到"编辑"选项板，单击"背景设置"按钮
，在［背景］设置面板中可以对背景颜色、天空颜色、地面颜色等进行设置，如图2-78
所示。单击右侧的色块，会打开"选择颜色"对话框，在此设置颜色即可，如图2-79
所示。

图 2-78　　　　　　　　　　　图 2-79

知识链接　　在SketchUp中，背景与天空都无法贴图，只能用简单的颜色来表示。如果需要
增加配景贴图，用户可以到Photoshop中操作；也可以将SketchUp的文件导入彩绘大师
Piranesi中，生成水彩画或马克画的效果图。

SketchUp有默认的背景与天空颜色。如果想要修改成独有的颜色，可以通过以下操
作步骤进行。

步骤 01 启动SketchUp应用程序，在欢迎界面中选择"平面图Millimeter"模板，如
图2-80所示。

步骤 02 单击即可进入工作界面，如图2-81所示。

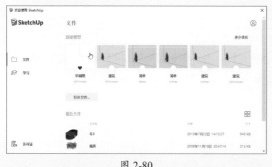

图 2-80　　　　　　　　　　　图 2-81

步骤 03 执行"窗口"|"默认面板"|"样式"命令,打开默认的"样式"面板,切换到"编辑"选项板,再单击"背景设置"按钮,进入"背景"设置面板,可以看到当前仅显示场景的背景颜色,如图2-82所示。

步骤 04 勾选"天空"和"地面"复选框,如图2-83所示。

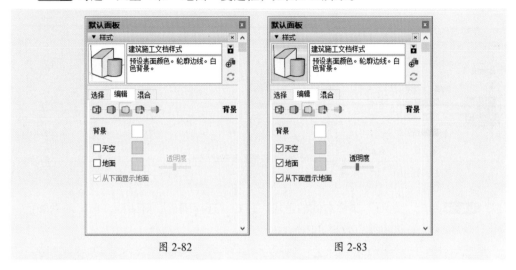

图 2-82　　　　　　　　　　　　　　图 2-83

步骤 05 在绘图区调整视口角度,可以看到当前的天空和地面颜色效果,如图2-84所示。

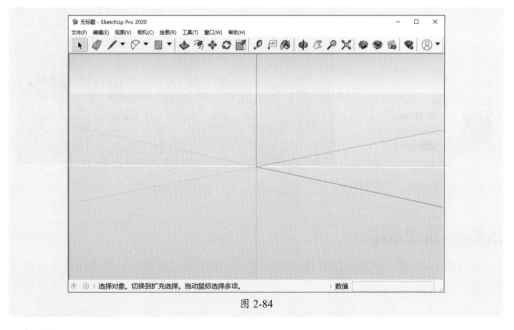

图 2-84

步骤 06 单击"天空"属性右侧的色块,打开"选择颜色"对话框,调整合适的天空颜色,如图2-85所示。

步骤 07 单击"好"按钮,可以在视口中看到调整后的效果,如图2-86所示。

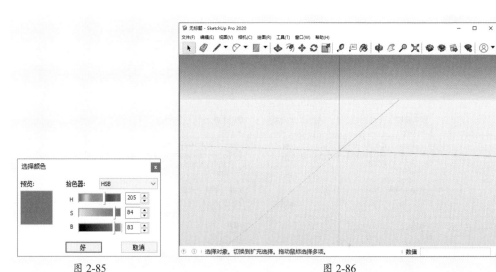

图 2-85　　　　　　　　　　　　　　图 2-86

步骤 08 单击"地面"属性右侧的色块，打开"选择颜色"对话框，调整地面颜色，如图2-87所示，最终的视口效果如图2-88所示。

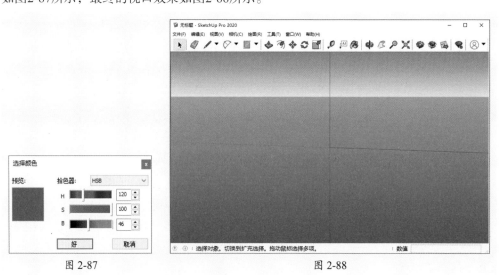

图 2-87　　　　　　　　　　　　　　图 2-88

2.4.5　设置水印

SketchUp的水印是一个很有意思的功能，很多漂亮的风格就是建立在这个基础上的，而且易于操作。

在"样式"面板中切换到"编辑"选项板，单击"水印设置"按钮 🔲，即可打开"水印"设置面板，如图2-89所示。该面板中各属性含义介绍如下。

● **显示水印**：控制是否在视口中显示水印。

● **添加水印** ⊕：单击该按钮，为场景添加水印。

- **删除水印** ⊖：选择列表中的水印，单击该按钮可将水印删除。
- **编辑水印设置** ✿：用于编辑水印。单击该按钮可打开"编辑水印"对话框，如图2-90所示。

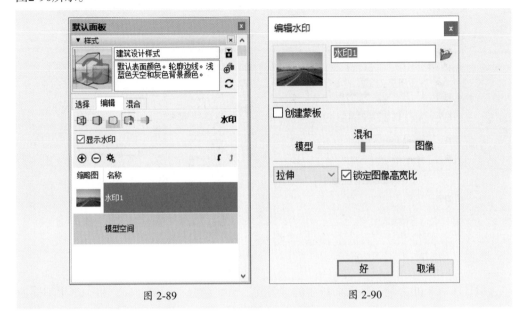

图 2-89   图 2-90

2.4.6 设置阴影

物体在光线的照射下会产生光影，通过阴影效果和明暗对比可以表现出物体的立体感。SketchUp的阴影设置虽然很简单，但是其功能比较强大。

通过"阴影"工具栏可以对市区、日期、时间等参数进行十分细致的调整，从而模拟出十分准确的光影效果。在"工具栏"对话框中勾选"阴影"复选框，即可打开"阴影"工具栏，如图2-91所示。

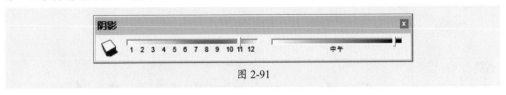

图 2-91

执行"窗口"|"默认面板"|"阴影"命令，打开"阴影"面板，如图2-92所示。其中第一个参数设置是UTC调整。UTC是"协调世界时间"的英文缩写，用户可根据所在地选择UTC，如图2-93所示。

知识链接　　在中国统一使用北京时间（东八区）为本地时间，因此以UTC为参考标准，北京时间应该是UTC+8:00。

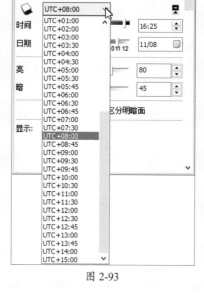

图 2-92

图 2-93

以UTC+08:00为例，拖动面板中的"时间"滑块调整不同的时间，将会产生不同的阴影效果。图2-94～图2-97所示为一天中不同时间的阴影效果。

图 2-94

图 2-95

图 2-96

图 2-97

而在同一时间下，拖动面板中的"日期"滑块可以调整不同的日期，不同日期也会产生不同的阴影效果。图2-98～图2-101所示为一年中不同日期的阴影效果。

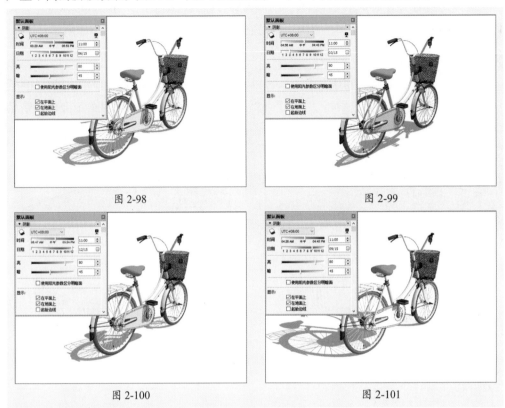

图 2-98   图 2-99

图 2-100   图 2-101

在其他参数不变的情况下，调整亮、暗参数的滑块，也可以改变场景中阴影的明暗对比，如图2-102和图2-103所示。

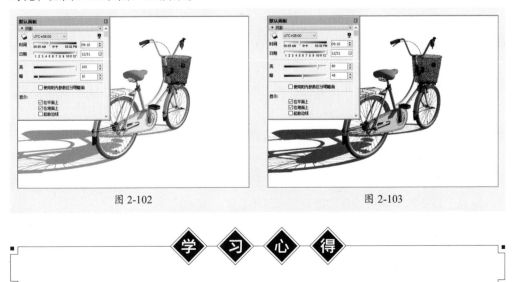

图 2-102   图 2-103

学 习 心 得

2.5 实体的显示与隐藏 //////////////////////////////////////

要简化当前视图显示，或者想看到物体内部并在其内部工作，有时候可以将一些几何体隐藏起来。隐藏的几何体不可见，但是它仍然在模型中，需要时可以重新显示。

1. 显示隐藏的几何体

执行"视图"|"隐藏物体"命令，可以使隐藏的物体以网格形式显示。图2-104所示隐藏了长方体的一个面；执行"视图"|"隐藏物体"命令，则被隐藏的面会以网格显示，如图2-105所示。

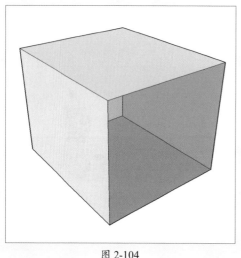
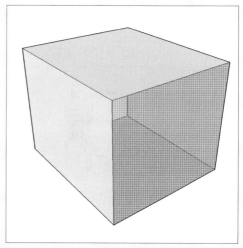

图 2-104   图 2-105

2. 隐藏和显示实体

SketchUp中的任何实体都可以被隐藏，包含组、组件、辅助物体、坐标轴、图像、剖切面、文字和尺寸标注。SketchUp提供了一系列的方法来控制物体的显示。

- **编辑菜单**：用选择工具选中要隐藏的物体，然后选择"编辑"|"隐藏"命令。相关命令还有"选定项""最后""全部"。
- **关联菜单**：在实体上单击鼠标右键，在弹出的快捷菜单中选择"显示"或"隐藏"命令。
- **删除工具**：使用删除工具的同时，按住Shift键，可以将边线隐藏。
- **图元信息**：每个实体的"图元信息"对话框中都有"隐藏"复选框。在实体上单击鼠标右键，在弹出的快捷菜单中选择"图元信息"命令，在打开的"图元信息"对话框中即可设置"隐藏"复选框。

3. 隐藏绘图坐标轴

SketchUp的绘图坐标轴是绘图辅助物体，不能像几何实体那样隐藏。要隐藏坐标轴，可以在"视图"菜单中取消选中"坐标轴"。用户也可以在坐标轴上右击鼠标，在弹出的快捷菜单中选择"隐藏"命令。

4. 隐藏剖切面

剖切面的显示和隐藏是全局控制，可以使用"剖面"工具栏或"工具"菜单来控制所有剖切面的显示和隐藏。

5. 隐藏图层

用户可以同时显示和隐藏一个图层中的所有几何体，这是操作复杂几何体的有效方法。图层的可视控制位于图层管理器中。

首先，在"窗口"菜单中选择"图层"命令，打开图层管理器，或者单击"图层"工具栏中的"图层管理器"按钮；然后单击图层的"可见"栏，则该图层中的所有几何体就从绘图窗口中消失了。

学 习 心 得

自 己 练

项目练习1：设置场景大雾效果

操作要领 ①执行"窗口"|"雾化"命令，打开"雾化"面板，勾选 "使用背景颜色"复选框，设置背景颜色。

②勾选"显示雾化"复选框，即可看到大雾效果。

图纸展示 如图2-106和图2-107所示。

图 2-106   图 2-107

项目练习2：设置模型显示效果

操作要领 ①打开默认面板的"样式"面板，选择不同的预设模式，可以看到不同的边线和背景效果。

②在"编辑"选项板中可以调整边线的显示方式。

图纸展示 如图2-108和图2-109所示。

图 2-108   图 2-109

第3章

基本绘图工具

本章概述

使用SketchUp绘图有以下特点：一是精确性，可以直接以数值定位，进行绘图捕捉；二是工业制图性，拥有三维的尺寸与文本标注。本章将主要介绍使用SketchUp的常用工具进行绘图的一些基本操作，其中包含绘图工具、编辑工具、建筑施工工具和漫游工具以及删除工具等。只有熟悉并掌握这些工具，才能绘制出完美的图形。

要点难点

● 绘图工具的使用 ★★★

● 编辑工具的使用 ★★★

● 删除工具的使用 ★☆☆

跟我学／制作罗马柱模型 ////////////////

学习目标 本案例将利用路径跟随工具制作一个罗马柱模型。路径跟随工具除了通过面和线制作模型，还可以在实体模型上直接制作出边角细节。

案例路径 云盘＼实例文件＼第3章＼跟我学＼制作罗马柱模型

步骤 01 激活矩形工具，绘制尺寸为600mm×600mm的正方形，如图3-1所示。

步骤 02 激活推拉工具，将矩形向上推出200mm，制作出一个长方体，如图3-2所示。

图 3-1

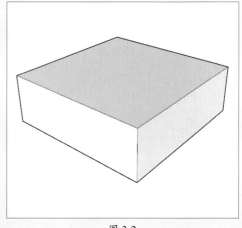
图 3-2

步骤 03 切换到立面图，选择底部一条边线，激活移动工具，按住Ctrl键的同时选取两个点进行移动，即可复制出一条线，如图3-3和图3-4所示。

图 3-3

图 3-4

步骤 04 照此方法复制多条边线，如图3-5所示。

步骤 05 激活圆弧工具，捕捉绘制圆弧，如图3-6所示。

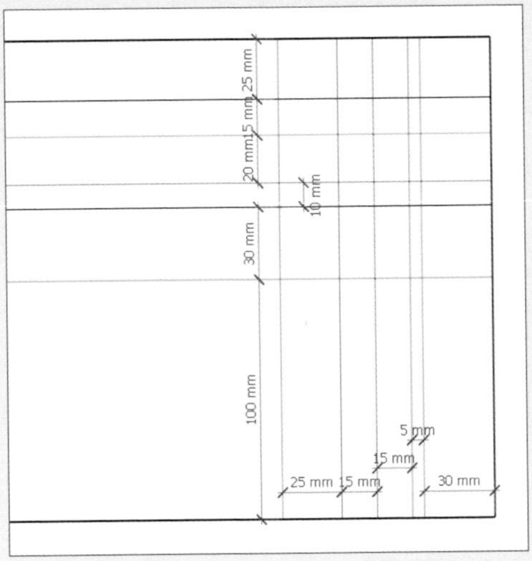

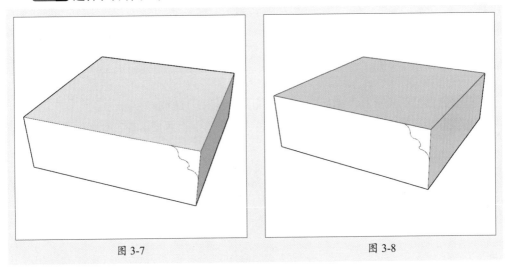

图 3-5 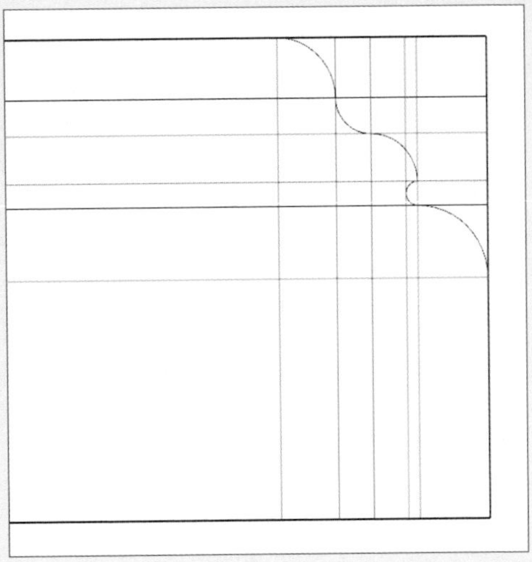   图 3-6

步骤 06 激活擦除工具，擦除多余的线条，仅剩下长方体角落的弧形线条，如图3-7所示。

步骤 07 选择长方体顶部的一圈边线，如图3-8所示。

图 3-7   图 3-8

步骤 08 激活路径跟随工具，在弧形的面上单击即可创建出造型，如图3-9所示。

步骤 09 激活直线工具，捕捉顶部中点绘制直线；激活圆形工具，捕捉直线中点，绘制一个半径为200mm的圆，如图3-10所示。

步骤 10 激活直线工具，沿着圆半径绘制高度为120mm的长方形；再利用擦除工具擦除多余的线条，如图3-11所示。

步骤 11 激活移动工具，按住Ctrl键复制边线，如图3-12所示。

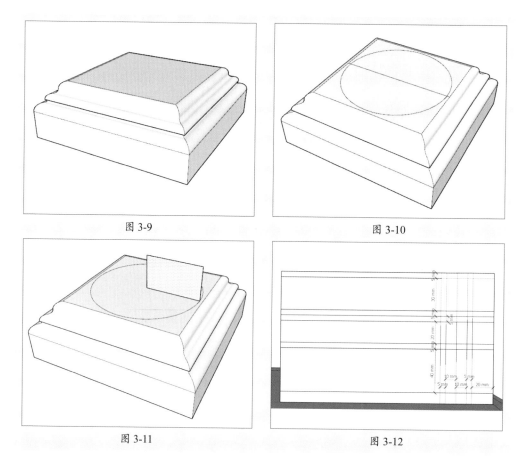

图 3-9　　　　　　　　　　　　　　　图 3-10

图 3-11　　　　　　　　　　　　　　　图 3-12

步骤 12 激活圆弧工具，捕捉交点绘制弧线，如图3-13所示。

步骤 13 激活擦除工具，擦除多余的线条，制作出一个造型截面，如图3-14所示。

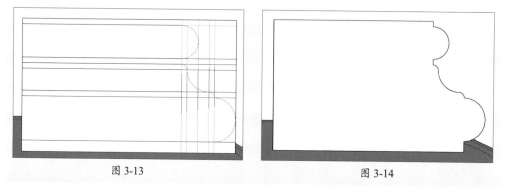

图 3-13　　　　　　　　　　　　　　　图 3-14

步骤 14 激活偏移工具，将圆形向内偏移20mm，如图3-15所示。

步骤 15 选择内部的圆，再激活路径跟随工具，在截面上单击即可创建模型，如图3-16所示。

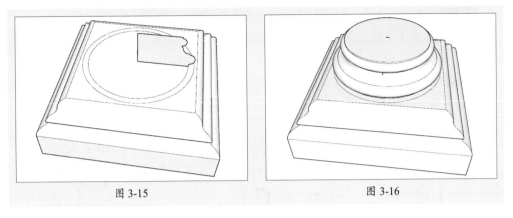

图 3-15   图 3-16

步骤 16 删除多余的线条，在缺口处绘制直线封闭模型。执行"视图"|"显示隐藏的几何图形"命令，显示几何虚线，再绘制直线封闭缺口，如图3-17和图3-18所示。

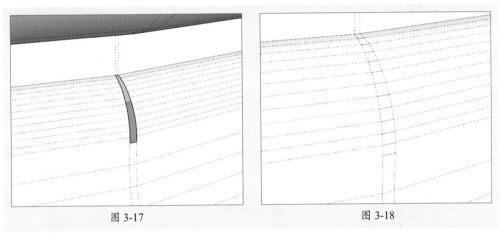

图 3-17   图 3-18

步骤 17 选择绘制的直线段，单击鼠标右键，在弹出的快捷菜单中选择"隐藏"命令，隐藏边线。再执行"视图"|"显示 隐藏的几何图形"命令，取消显示几何虚线，如图3-19所示。

步骤 18 激活偏移工具，将顶部的圆向内偏移10mm，如图3-20所示。

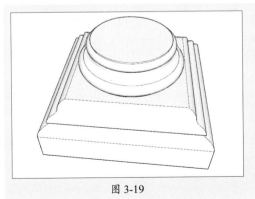
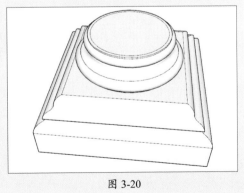

图 3-19   图 3-20

步骤 19 激活推拉工具，将顶部的面向上推出2800mm，如图3-21所示。

步骤 20 选择底座造型部分，激活移动工具，按住Ctrl键向上移动复制，如图3-22所示。

步骤 21 激活缩放工具，沿中心的蓝轴方向进行缩放，输入比例为−1，镜像对象。再将镜像对象移动对齐到立柱，即可完成罗马柱模型的制作，如图3-23所示。

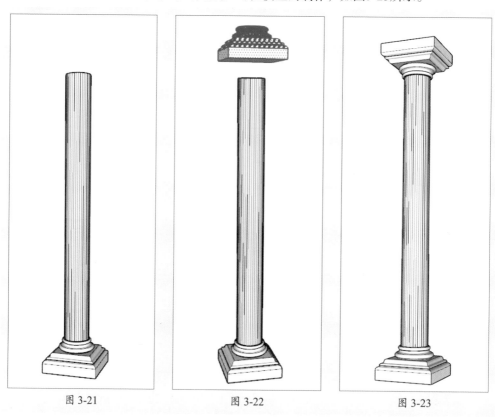

图 3-21   图 3-22   图 3-23

学 习 心 得

听我讲 ▶ Listen to me

3.1 绘图工具

SketchUp的"绘图"工具栏如图3-24所示，包含"矩形""直线""圆形""圆弧""多边形"和"手绘线"共6种二维图形绘制工具。

图 3-24

3.1.1 矩形工具

矩形工具通过定位两个对角点来绘制规则的平面矩形，并且自动封闭成一个面。单击"绘图"工具栏中的"矩形"按钮或者执行"绘图"|"矩形"命令均可启动该命令。

1. 绘制一个矩形

矩形的绘制很简单，但是使用频率很高。在各大三维建筑设计软件中，长方形房间大都是先使用矩形工具绘制出一个矩形的二维形体，然后再拉伸成三维模型的。

（1）任意绘制矩形

单击"绘图"工具栏中的"矩形"按钮，在屏幕上单击确定矩形的第一个角点，然后拖动光标至所需要矩形的对角点，再次单击即可完成矩形的绘制，这时SketchUp将这四条位于同一平面的直线直接转换成了面，如图3-25和图3-26所示。

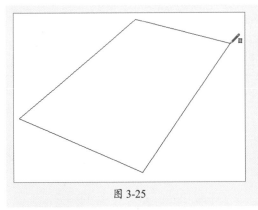

图 3-25

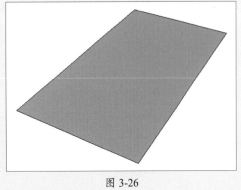

图 3-26

知识链接

在创建二维图形时，SketchUp自动将封闭的二维图形生成等大的面，此时用户可以选择并删除自动生成的面。当绘制的矩形长宽比接近0.618的黄金分割比例时，矩形内部将会出现一条对角的虚线。这时单击鼠标确认对角点，即可创建出满足黄金分割比例的矩形。

（2）绘制正方形

在绘制矩形时，如果长宽比满足黄金分割比例，则在拖动光标定位时会在矩形中出现一条用虚线表示的对角线，如图3-27所示，此时绘制的矩形满足黄金分割比例，是最协调的。如果长度、宽度相同，矩形中同样会出现一条虚线的对角线，鼠标指针旁会持续提示"正方形"文字，如图3-28所示，这时矩形为正方形。

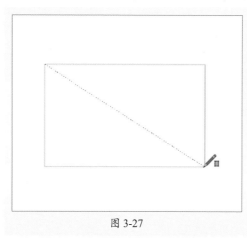 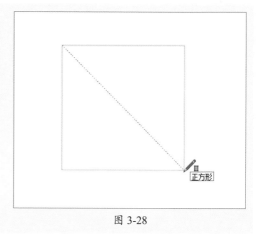

图 3-27   图 3-28

（3）绘制指定尺寸的矩形

用户还可以使用输入具体尺寸的方法来绘制矩形。

激活矩形工具，在视图区定位矩形的第一个角点。在屏幕上拖动光标，定位第二个角点，可以看到屏幕右下角的数值控制栏出现"尺寸"字样，表明此时用户可以输入需要的矩形尺寸。输入矩形的长度和宽度，按Enter键即可完成矩形的创建，如图3-29和图3-30所示。

 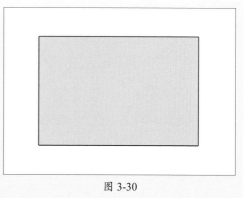

图 3-29   图 3-30

知识链接

在数值控制栏中输入精确的尺寸来作图，是SketchUp建立模型的最重要的手法之一。例如，本案例中绘制的1500×1000的矩形实际就是一个1.5米长、1米宽的小房间，利用推拉工具将矩形向上拉伸3米，就完成了一个基本房间模型的创建。

2. 在已有的平面上绘制矩形

在已有的平面上也可以绘制矩形。激活矩形工具，将光标放在长方体的一个面上，当光标旁边出现"在平面上"提示文字时，单击鼠标左键确定矩形的第一个角点；拖动光标确定对角点，单击鼠标左键即可完成矩形的绘制，这时可以看到矩形的一个面被分为了两个面，如图3-31和图3-32所示。

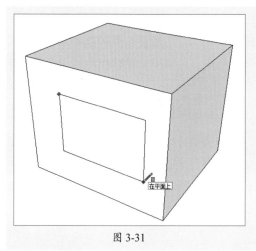
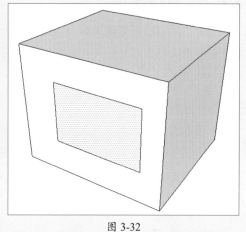

图 3-31   图 3-32

知识链接　在原有的面上绘制矩形可以完成对面的分割，这样做的好处是在分割之后的任一个面上都可以进行三维的操作。这种绘图方法在建模中经常用到。

3. 绘制非 XY 平面的矩形

在默认情况下，矩形的绘制是在XY平面中，这与大多数三维软件的操作方法一致。但并非只能在XY平面中绘制图形。

激活矩形工具，单击确定矩形的第一个角点；拖动光标定位矩形的另一个对角点，注意此时在非XY的平面中定位。找到正确的定位方向后，按住Shift键不放以锁定光标的移动轨迹，在合适的位置再次单击鼠标，即可在其他平面上绘制矩形，如图3-33和图3-34所示。

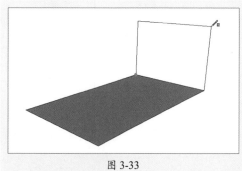
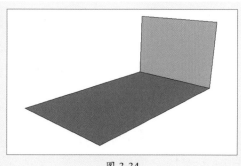

图 3-33   图 3-34

绘图技巧

在绘制非XY平面的矩形时,第二个对角点的定位非常困难,这时需要转成三维视图,以找到一个较好的观测角度。

3.1.2　直线工具

直线工具可以用来画单段直线、多段连接线或者闭合的形体,也可以用来分割表面或修复被删除的表面,还可以直接输入尺寸和坐标点,并且有自动捕捉功能和自动追踪功能。

1. 绘制一条直线

激活直线工具,单击确定直线段的起点,往画线的方向移动光标,此时在数值控制栏中会动态显示线段的长度。用户可以在确定线段终点之前或画好线后用键盘输入一个精确的线段长度,也可以单击线段起点后移动光标,在线段终点处再次单击,绘制一条直线。

绘图技巧

在绘制线段的过程中,确定线段终点后按Esc键,即可完成此次线段的绘制。如果不取消操作,则会开始下一条线段的绘制,上一条线段的终点即为下一条线段的起点。

2. 创建面

三条以上的共面线段首尾相连,且在同一个平面上,即可创建一个面。用户必须确定所有的线段都是首尾相连,在闭合的时候可以看到"端点"提示,如图3-35所示。创建完一个表面后,直线工具就空闲出来了,但仍处于激活状态,此时用户可以继续绘制别的线段,如图3-36所示。

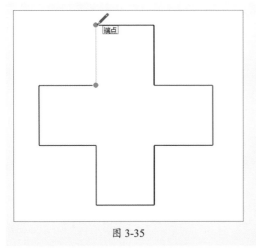

图 3-35

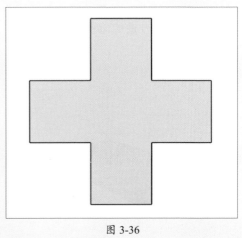

图 3-36

💬 **绘图技巧**

在许多情况下，封闭直线并没有生成面，这时就需要人为地手工补线。补线的目的实际上就是向系统确认边界。

3. 分割线段

如果用户在一条线段上开始绘制直线，SketchUp会自动将原来的线段从新直线的起点处断开。例如，如果要将一条线分为两段，就以该线上的任意位置为起点，绘制一条新的直线，再次选择原来的线段时，可以发现该线段已经被分为两段，如图3-37和图3-38所示。如果将新绘制的线段删除，则已有线段又重新恢复成一条完整的线段。

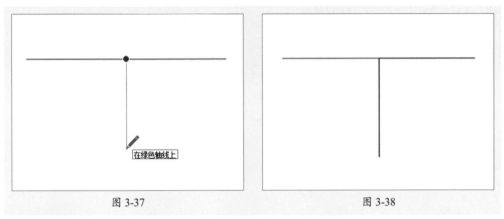

图 3-37   图 3-38

4. 分割平面

在SketchUp中可以通过绘制一条起点和端点都在平面边线上的直线来分割这个平面。在已有平面的一条边上单击作为直线的起点，再向另一条边上拖动光标，选择好终点单击鼠标完成直线的绘制，可以看到已有平面变成了两个，如图3-39和图3-40所示。

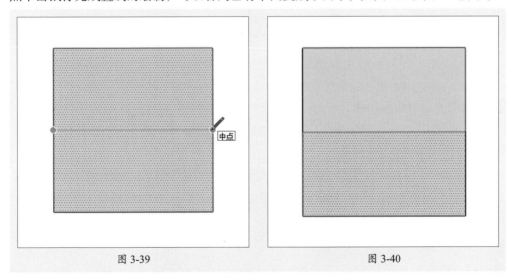

图 3-39   图 3-40

有时，交叉线不能按照用户的需要进行分割。在打开轮廓线的情况下，所有不属于表面周线的线都会显示为较粗的形式。如果出现这样的情况，用直线工具在该线上描绘一条新的线来进行分割，SketchUp就会重新分析几何图形并整合这条线。

5. 通过输入长度绘制直线

在实际工作中，经常会需要绘制精确长度的线段，这时可以通过在键盘上输入数值的方式来完成这类线段的绘制。激活直线工具，待光标变成 ✐ 时，在绘图区单击确定线段的起点。拖动光标移至线段的目标方向，然后在数值控制栏中输入线段长度，按Enter键确定，再按Esc键即可完成该线段的绘制。

6. 绘制与 X、Y、Z 轴平行的直线

在实际操作中，绘制正交直线，即与X、Y、Z轴平行的直线更有意义，因为不管是建筑设计还是室内设计，根据施工的要求，墙线、轮廓线和门窗线基本上都是相互垂直的。

激活直线工具，在绘图区选择一点单击，确认直线的起始点。在屏幕上移动光标以对齐Z轴，当与Z轴平行时，光标旁边会出现"在蓝色轴线上"提示，如图3-41所示。当与X轴平行时，光标旁边会出现"在红色轴线上"提示，如图3-42所示。当与Y轴平行时，光标旁边会出现"在绿色轴线上"提示，如图3-43所示。

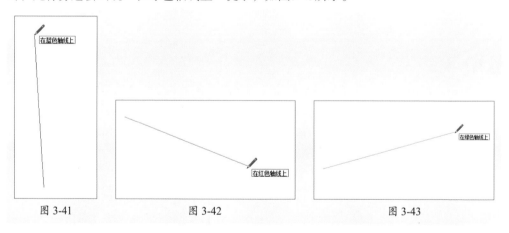

图 3-41　　　　　　图 3-42　　　　　　图 3-43

7. 直线的捕捉与追踪功能

与CAD相比，SketchUp的捕捉与追踪功能更加简便、更易操作。在绘制直线时，多数情况下都需要用到捕捉功能。

所谓捕捉，就是在定位点时，自动定位到特殊点的绘图模式。SketchUp自动打开了3类捕捉，即端点捕捉、中点捕捉和交点捕捉，如图3-44~图3-46所示。在绘制几何物体时，光标只要遇到这三类特殊的点，就会自动进行捕捉，这是软件精确作图的方法之一。

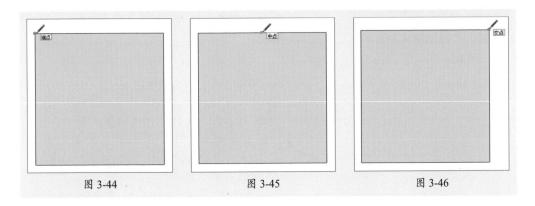

图 3-44   图 3-45   图 3-46

💬 **绘图技巧**

　　SketchUp的捕捉与追踪功能是自动开启的，在实际工作中，精确作图时要么用数值输入，要么就用捕捉功能。

8. 参考锁定

　　有时参考点可能受到别的几何体的干扰，SketchUp不能捕捉到用户需要的参考点。这时用户可以按住Shift键来锁定需要的参考点。例如，将光标移动到一个面上，等显示出"在平面上"提示后，按住Shift键，则以后所绘制的线都会锁定在这个面所在的平面上。

9. 等分线段

　　SketchUp中的线段可以等分为若干段。在线段上右击，在弹出的快捷菜单中选择"拆分"命令后，在线段上移动光标，系统会自动计算分段数量以及长度，如图3-47和图3-48所示。

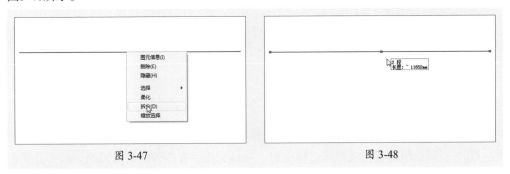

图 3-47   图 3-48

3.1.3　圆形工具

　　圆形作为一个几何形体，在各类设计中都是一个出现得非常频繁的构图要素。在SketchUp中，圆形工具可以用来绘制圆以及生成圆形的面。

　　激活圆形工具，此时光标会变成一只带圆圈的铅笔。在绘图区选择一点作为圆心并单击，移动光标拉出圆的半径，如图3-49所示。确定半径长度后再次单击鼠标，完成圆的绘制，并自动形成圆形的面，如图3-50所示。

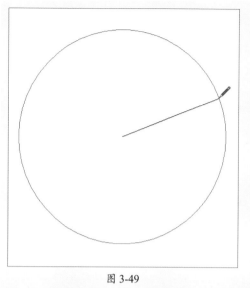

图 3-49   图 3-50

SketchUp中的圆形实际上是由正多边形所组成的，操作时并不明显，但是当导出到其他软件后就会发现问题。因此，在SketchUp中绘制圆形时可以调整圆的片段数（即多边形的边数）。在激活圆形工具后，在数值控制栏中输入片段数s（如8s表示片段数为8，也就是此圆用正八边形来显示，而16s表示正十六边形），然后再绘制圆形。要注意，尽量不要绘制片段数低于16的圆。

💬 **绘图技巧**

一般来说，不用修改圆的片段数，使用默认值即可。因为如果片段数过多，会引起面的增加，这会使场景的显示速度变慢。在将SketchUp模型导入3ds Max中时，尽量减少场景中的圆形，因为导入3ds Max中会产生大量的三角面，在渲染时会占用大量的系统资源。

3.1.4　圆弧工具

圆弧工具用于绘制圆弧实体。和圆一样，圆弧是由多个直线段连接而成的，是圆的一部分，可以像圆弧曲线那样进行编辑。SketchUp中有四种绘制圆弧的工具，分别是"圆弧""两点圆弧""三点圆弧"以及"扇形"。

1. 圆弧 ─────────────────────────────────────

圆弧工具是通过指定圆弧的圆心、半径以及角度来绘制圆弧。激活圆弧工具，此时光标会变成一支带圆弧的铅笔，且笔尖位置会出现一个量角器图案。单击光标确定圆心，移动光标指定圆弧半径，再移动光标指定圆弧角度，如图3-51和图3-52所示。

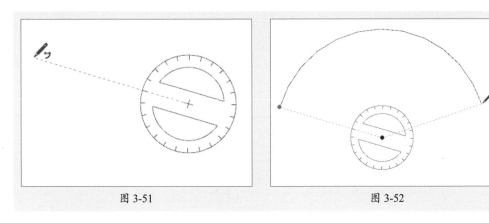

| 图 3-51 | 图 3-52 |

在合适的位置单击鼠标即可完成圆弧的绘制，如图3-53所示。

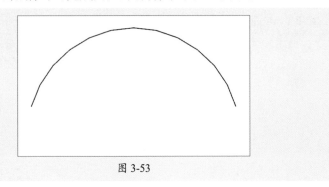

图 3-53

2. 两点圆弧

利用两点圆弧工具可以绘制圆弧，确定起始点和终点后，再移动光标调整圆弧的凸出距离，接近半径长度时圆弧会临时捕捉到半圆的参考点，如图3-54所示。

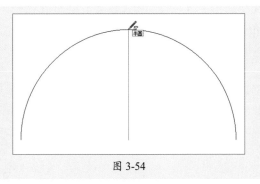

图 3-54

3. 绘制相切的圆弧

若从开放的边线端点开始画圆弧，在用户选择圆弧的第二点时，圆弧工具会显示一条青色的切线圆弧。点取第二点后，用户可以移动光标打破切线参考并自己设置凸距。如果用户要保留切线圆弧，只需在确定第二点后不移动光标并再次单击即可，如图3-55所示。

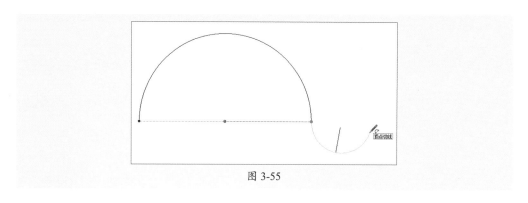

图 3-55

💬 **绘图技巧**

　　圆心画弧和圆心画扇形的操作方法相同，仅绘制结果不同，圆心画弧的结果是一条弧线，而圆心画扇形的结果是一个面，如图3-56和图3-57所示。

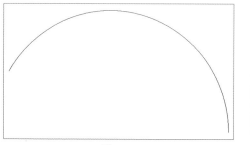

图 3-56

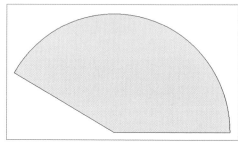

图 3-57

3.1.5　多边形工具

　　在SketchUp中使用多边形工具可以创建边数大于3的正多边形。前面已经介绍过圆与圆弧都是由正多边形组成的，所以边数较多的正多边形基本上就显示成圆形了。边数为10和50的多边形分别如图3-58和图3-59所示。

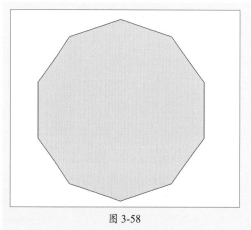

图 3-58　　　　　　　　　　　　　　　　　图 3-59

3.1.6　手绘线工具

手绘线工具常用来绘制不规则的、共面的曲线形体。曲线图元由多条连接在一起的线段构成，这些曲线可作为单一的线条，用于定义和分割平面；但它们也具备连接性，选择其中一段即选择了整个图元。激活手绘线工具，在视口中的一点单击并按住鼠标左键不放，移动光标绘制所需要的曲线，绘制完毕后释放鼠标即可，如图3-60所示。

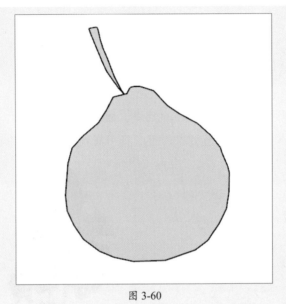

图 3-60

下面利用手绘线工具结合直线工具绘制一个简单的树木图形，操作步骤如下。

步骤 01 激活手绘线工具，按住鼠标左键拖动绘制树冠图形，如图3-61所示。

步骤 02 激活直线工具，绘制树干图形和树杈，如图3-62所示。

步骤 03 激活手绘线工具，在下方绘制一片树冠，如图3-63所示。

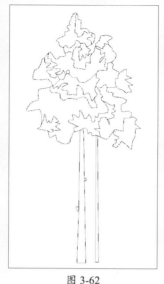
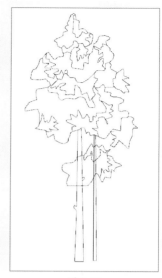

图 3-61　　　　　　　　　　图 3-62　　　　　　　　　　图 3-63

步骤 04 激活擦除工具，擦除被覆盖的线条，如图3-64所示。

步骤 05 最后为树冠和树干分别添加颜色，即可看到效果，如图3-65所示。

图 3-64　　　　　　　　　　图 3-65

3.2　编辑工具

　　SketchUp的"编辑"工具栏包含"移动""推拉""旋转""路径跟随""缩放"以及"偏移"6种工具，如图3-66所示。其中，"移动""旋转""缩放"以及"偏移"4种工具是用于对对象位置、形态的变换与复制，而"推拉"和"路径跟随"两种工具主要用于将二维图形转变成三维实体。

图 3-66

3.2.1 移动工具

在SketchUp中，移动工具可用来移动、拉伸及复制几何图形。选取物体后，激活移动工具，分别指定两个点即可进行移动操作。

💬 **绘图技巧**

在作图时，往往会使用精确距离进行移动。移动物体时按住Shift键锁定移动方向后，在数值控制栏中输入需要移动的距离，按Enter键确定，这时物体就会按照设定距离进行精确的移动。

3.2.2 旋转工具

旋转工具用于旋转对象，可以对单个物体或者多个物体进行旋转，也可以对物体中的某一个部分进行旋转，还可以在旋转的过程中对物体进行复制。

1. 旋转对象

旋转对象主要是基于某一平面进行操作。选择模型并激活旋转工具，指定一点作为旋转中心，再移动光标对齐量角器的底部，如图3-67所示。继续移动光标，指定旋转角度或者直接输入旋转度数，单击即可完成旋转操作，如图3-68示。

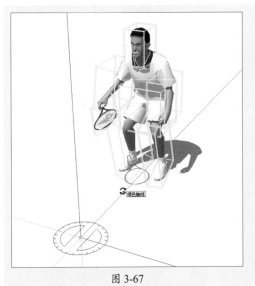

图 3-67

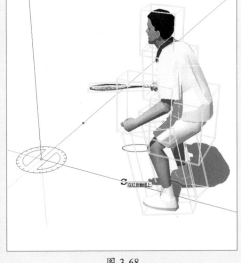

图 3-68

绘图技巧

可以在旋转时根据需要在屏幕右下角的数值控制栏中输入旋转的角度，再按Enter键，以达到精确作图的目的。角度值为正表示按照顺时针旋转，角度值为负表示按照逆时针旋转。

2. 旋转对象的部分模型

除了对整个对象进行旋转外，用户还可以对已经分割好的对象进行部分旋转。选择对象要旋转的部分，激活旋转工具，先确定好旋转平面和旋转中心，再分别对齐量角器底部并指定旋转角度，单击即可完成部分模型的旋转，如图3-69和图3-70所示。

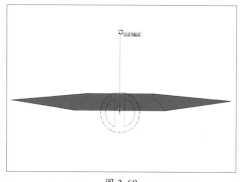
图 3-69

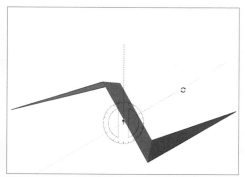
图 3-70

3. 旋转复制对象

使用旋转工具复制对象，可以制作出类似环形阵列的效果。选择需要旋转复制的对象，激活旋转工具。当光标变成量角器时，选择一点作为轴心点，移动光标对齐量角器，如图3-71所示。按住Ctrl键不放，移动光标至合适的位置，如图3-72所示。

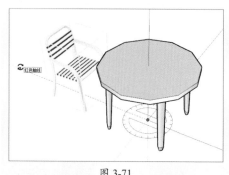
图 3-71

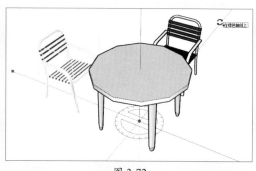
图 3-72

单击鼠标即可完成一个物体的旋转复制。接着在屏幕右下角的数值控制栏中输入"*4"（表示以这个旋转角度复制出4个物体），按Enter键确认，即可看到场景中除了原有物体，还有4个复制出的物体，如图3-73所示。

图 3-73

如果旋转复制物体时将旋转的物体复制到如图3-74所示的位置上，然后在数据控制栏中输入"/4"，则表明包含源物体在内共复制4个物体，并且在源物体和新物体之间以四等分排列，这就是等分旋转复制，如图3-75所示。

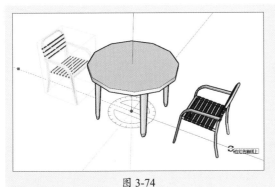

图 3-74

图 3-75

3.2.3　缩放工具

缩放工具主要用于对物体进行放大或缩小，可以在X、Y、Z这三个轴同时进行等比缩放，也可以锁定任意两个或单个轴向进行非等比缩放。

1. 二维对象的缩放

选择需要进行缩放的二维对象，激活缩放工具，即可对二维对象进行缩放控制。激活缩放工具后，二维对象上出现了黄色矩形控制框和8个绿色控制点，分别调节这8个控制点，可以实现对二维对象的等比和非等比缩放，如图3-76所示。

💬 **绘图技巧**

用户可以根据需要在屏幕右下角的数值控制栏中输入物体缩放的比率，按Enter键即可达到精确缩放的目的。比率小于1为缩小，大于1为放大。

2. **三维对象的缩放**

以上讲解的是缩放工具对二维对象的操作，下面再来讲解三维对象的缩放操作。三维对象的缩放控制点较二维对象复杂，并且三维对象可进行缩放的轴向比二维对象多。

激活缩放工具后，三维对象上出现了黄色矩形控制框和26个绿色控制点，如图3-77所示。如果将长方体的每个表面看作一个二维平面的话，那么这些平面上的点与二维对象的控制点基本相同，不过在每个面的中心还有一个控制点，也就是说，长方体的每个面有9个控制点，利用这些控制点可以实现对三维对象的等比和非等比缩放。

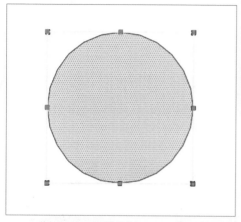

图 3-76

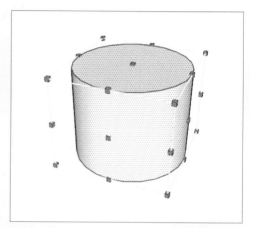

图 3-77

知识链接

需要注意的是，即使三维对象不是长方体，而是其他对象，其缩放框仍然为长方体的线框，黄色缩放框每个面上有9个控制点，总数26个保持不变。

对三维物体统一等比缩放的操作如图3-78所示。

对三维物体锁定YZ轴（绿/蓝色轴）的非等比缩放操作如图3-79所示。

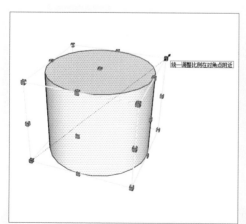

图 3-78

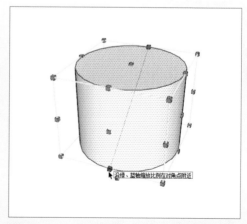

图 3-79

对三维物体锁定XY轴（红/绿色轴）的非等比缩放操作如图3-80所示。

对三维物体锁定单个轴向（以绿色轴为例）的非等比缩放操作如图3-81所示。

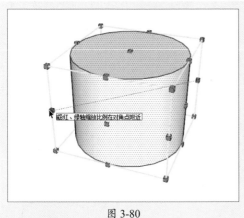
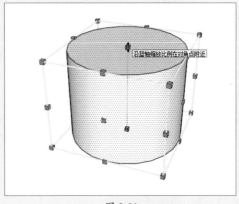

图 3-80   图 3-81

知识链接   在屏幕右下角的数值控制栏中输入比率时，如果数值是负值，此时物体不但要被缩放，而且还会被镜像。

3.2.4　偏移工具

偏移工具可以将在同一平面中的线段或者面域沿着一个方向偏移一个统一的距离，并复制出一个新的物体。偏移的对象可以是面域、两条或两条以上首尾相接的线形物体几何、圆弧、圆或者多边形。

1. 面的偏移复制

选择需要偏移的面域，激活偏移工具，此时屏幕上的光标会变成两条平行的圆弧 。单击并按住鼠标左键不放，移动光标，可以看到面域随着光标的移动发生偏移，如图3-82所示。当移动到需要的位置时释放鼠标左键，就可以看到面域中又创建了一个长方形，并且由原来的一个面域变成了两个面域，如图3-83所示。

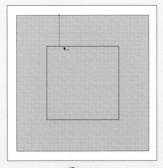
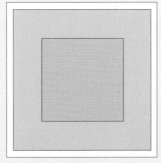

图 3-82   图 3-83

💬 **绘图技巧**

在实际操作中，可以根据需要在数值控制栏中输入物体偏移的距离，按Enter键即可完成精确偏移。

偏移工具对于任意造型的面均可进行偏移操作，如图3-84所示。

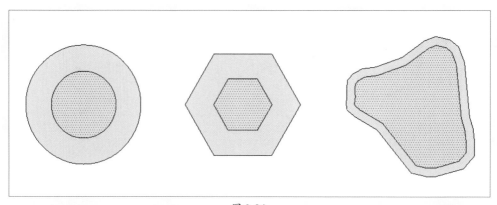

图 3-84

2 线段的偏移复制

偏移工具无法对单独的线段以及交叉的线段进行偏移复制，当光标放置在这两种线段上时，光标的图案会变成 ▨ ，并且会有如图3-85和图3-86所示的提示。

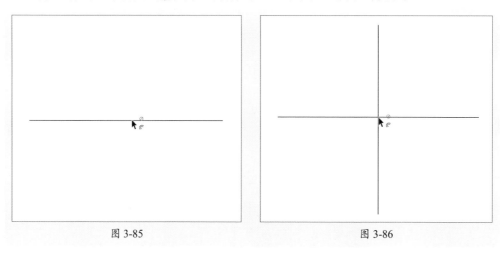

图 3-85   图 3-86

对于多条线段组成的转折线、弧线以及线段与弧形组成的线形，均可以进行偏移复制操作，如图3-87和图3-88所示。其具体操作方法与面的操作类似，这里不再赘述。

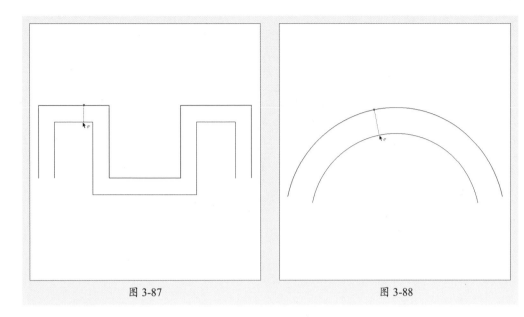

图 3-87   图 3-88

3.2.5　推拉工具

推拉工具是二维平面生成三维实体模型最为常用的工具，该工具可以将面拉伸成体。

激活推拉工具，将光标移动到已有的面上，可以看到已有的面会显示为被选中状态，如图3-89所示。按住鼠标左键并向上拖动，已有的面就会随着光标的移动转换为三维实体，如图3-90所示。

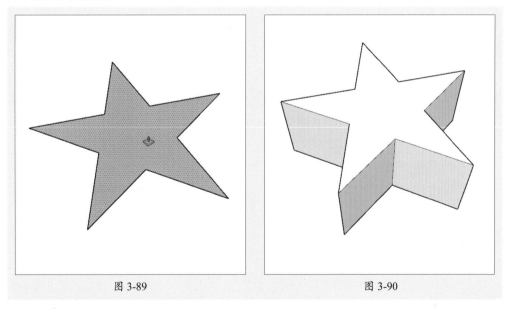

图 3-89   图 3-90

还可以对所有面的物体进行推拉，或是改变块体的体积大小，只要是面就可以使用推拉工具来改变其形态、体积，如图3-91和图3-92所示。

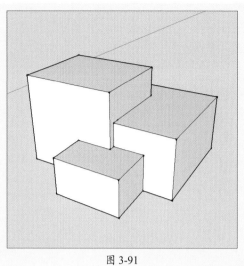
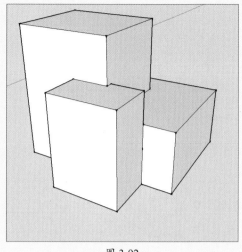

图 3-91   图 3-92

💬 **绘图技巧**

如果有多个面的推拉深度相同，在完成其中某一个面的推拉之后，在其他面上使用推拉工具直接双击，即可快速完成相同的操作。

3.2.6 路径跟随工具

跟随路径是指将一个截面沿着某一指定线路进行拉伸的建模方式，它与3ds Max的放样命令有些相似，是一种很传统的从二维到三维的建模工具。

1. 面与线的应用 ───

利用路径跟随工具可以使一个面沿着某一指定的曲线路径进行拉伸。激活路径跟随工具，根据状态栏的提示单击截面，以选择拉伸面，如图3-93所示。再将光标移动到作为拉伸路径的曲线上，光标随着曲线移动，截面也会随之形成三维模型，如图3-94所示。

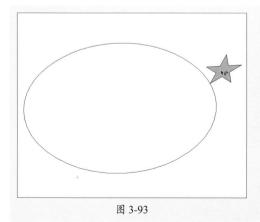
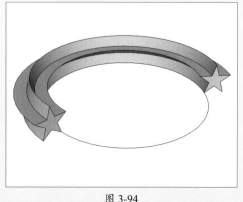

图 3-93   图 3-94

2. 面与面的应用

　　使用跟随路径工具也可以使一个面沿着另一个面的路径进行拉伸。绘制一个圆形，再使用直线工具捕捉绘制一个竖向三角形，如图3-95所示。选择圆形边线，激活路径跟随工具，在三角形面上单击即可创建一个圆锥体模型，如图3-96所示。

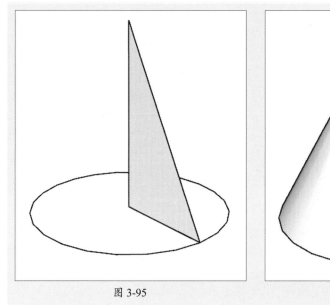

图 3-95

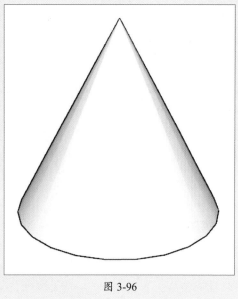

图 3-96

　　下面将以创建树池模型为例，对绘图工具与编辑工具的应用展开介绍，操作步骤如下。

　　步骤 01 激活矩形工具，绘制尺寸为2400mm×2400mm的矩形，如图3-97所示。

　　步骤 02 激活推拉工具，将矩形向上推出450mm的厚度，成为一个长方体，如图3-98所示。

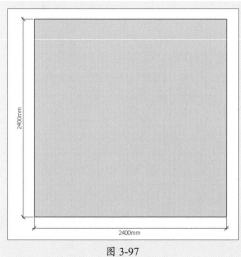

图 3-97

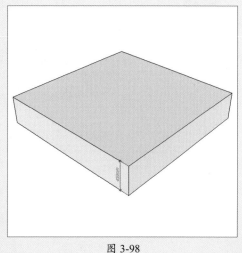

图 3-98

步骤 03 激活偏移工具，将上方的边线向内偏移400mm，如图3-99所示。

步骤 04 激活移动工具，选择上方边线，按住Ctrl键向下进行复制，移动距离分别为50mm、90mm，如图3-100所示。

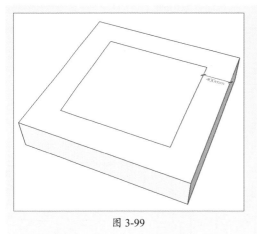

图 3-99

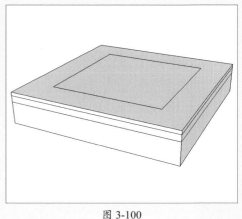

图 3-100

步骤 05 激活推拉工具，将90mm高度的面向内推进20mm，如图3-101所示。

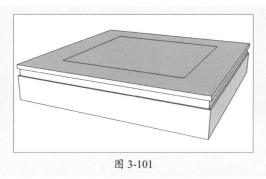

图 3-101

步骤 06 激活圆弧工具，利用两点画弧的方法绘制直径为40mm的圆弧，使其成为一个半圆的面，如图3-102所示。

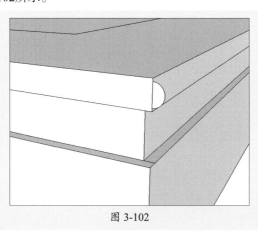

图 3-102

步骤 07 激活路径跟随工具，选择半圆，沿顶部的一圈边线制作出造型，如图3-103所示。

步骤 08 激活推拉工具，向下推出100mm的深度，如图3-104所示。

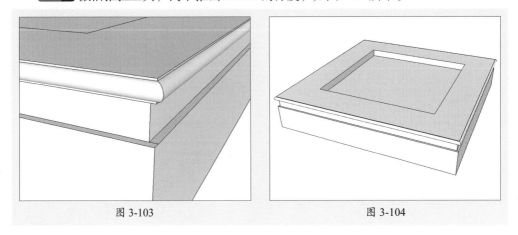

图 3-103   图 3-104

步骤 09 添加树木模型及草皮材质，最后的树池效果如图3-105所示。

图 3-105

3.3 删除工具

在建模软件中，通常可以通过选择需要删除的对象，然后按Delete键进行删除。SketchUp软件也是如此，可以使用选择工具选择需要删除的线或面，再按Delete键进行删除。此外，SketchUp软件还拥有自己的删除工具。

1. 删除边

使用擦除工具删除边的方式有两种。一种是点选删除，即使用擦除工具在需要删除的边上单击鼠标将之删除。使用这种方法一次只能删除一条边，如图3-106和图3-107所示。

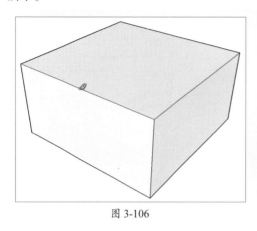

图 3-106

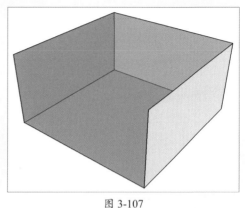

图 3-107

另外一种是拖曳删除，即按住鼠标左键不放拖曳鼠标，凡是被擦除工具滑过变成蓝色的边，在释放鼠标后都会被删除。使用这种方法一次可以删除多条边，如图3-108和图3-109所示。

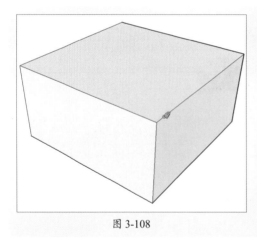

图 3-108

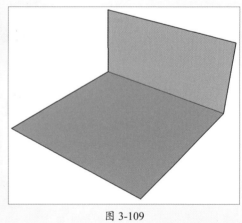

图 3-109

💬 绘图技巧

删除了几何体的边之后，与边相连的面也会随之被删除。在使用拖曳删除方法时，光标移动的速度不要过快，否则可能会使需要选择的边没有被选择上，从而影响操作效果和质量。

2. 柔化、硬化和隐藏边

使用擦除工具除了可以进行边线的删除以外，还可以配合键盘上的按键对边线进行柔化、硬化及隐藏处理。

以一个长方体为例，激活擦除工具，选择长方体的一条边，如图3-110所示。按住
Shift键单击该边线，即可将该边线隐藏，但仍然可以分出明暗面，如图3-111所示。

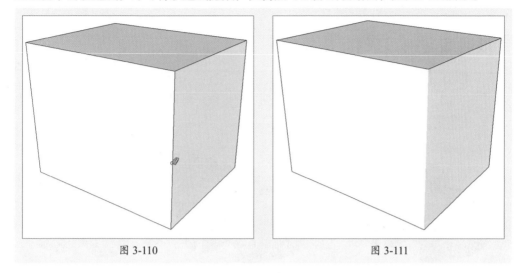

| 图 3-110 | 图 3-111 |

如果按住Ctrl键再单击该边线，即可将边软化，如图3-112所示。同时按住Shift键和
Ctrl键单击被柔化的边线位置，即可将边线硬化，如图3-113所示。

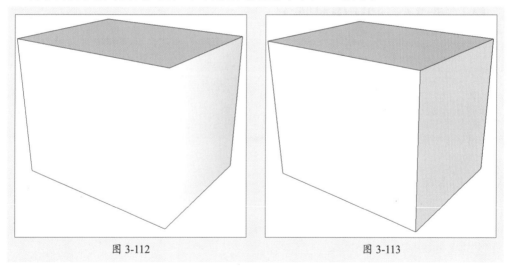

| 图 3-112 | 图 3-113 |

此外，用户也可在模型上单击鼠标右键，在弹出的快捷菜单中选择"柔化/平滑边
线"命令，在打开的"柔化边线"面板中同样可以进行柔化边线操作。

学 习 心 得

自己练

项目练习1：复制荷花荷叶

操作要领 ①选择荷叶模型，激活移动工具，按住Ctrl键复制对象。

②选择荷花模型，使用移动工具进行复制和移动。

图纸展示 如图3-114和图3-115所示。

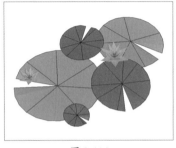 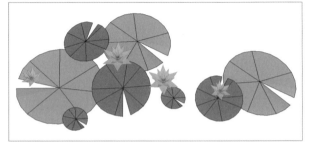

图 3-114   图 3-115

项目练习2：制作吊灯模型

操作要领 ①使用直线工具和旋转工具绘制吊灯的一片，使用旋转工具进行旋转复制，制作出灯头。

②使用多边形工具和推拉工具制作底座和灯线。

图纸展示 如图3-116所示。

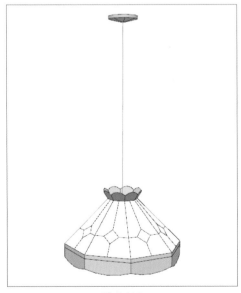

图 3-116

第4章

高级建模工具

本章概述

SketchUp作为三维设计软件，绘制二维图形只是铺垫，其最终目的还是建立三维模型。前文已经介绍了SketchUp的入门知识和基本绘图的操作方法，本章将要介绍一些高级建模功能和场景管理工具的使用方法，让读者进一步深入掌握SketchUp的建模技巧。

要点难点

- 组件和群组工具的应用 ★☆☆
- 模型交错和实体工具的应用 ★☆☆
- 沙箱工具的应用 ★★☆
- "照片匹配"功能的应用 ★☆☆

跟我学 根据照片制作建筑模型

学习目标 本案例将利用"照片匹配"功能结合前文知识按照照片制作一个建筑模型，最大限度地还原照片上的建筑效果。

案例路径 云盘\实例文件\第4章\跟我学\根据照片制作建筑模型

步骤 01 执行"相机"|"匹配新照片"命令，打开"选择背景图像文件"对话框，选择合适的参照图片，如图4-1所示。

图 4-1

步骤 02 单击"打开"按钮，将照片导入背景中，可以看到背景上多出了红、绿、蓝三色的轴线，如图4-2所示。

图 4-2

步骤 03 同时系统会自动打开"照片匹配"面板，选择"外部"样式和"红轴/绿轴"平面，其余设置保持默认，如图4-3所示。

步骤 04 拖动调整红色、绿色消失线，确定X轴、Y轴以及Z轴方向，如图4-4所示。

图 4-3

图 4-4

步骤 05 单击"照片匹配"面板中的"完成"按钮，进入绘图区，如图4-5所示。

步骤 06 激活直线工具，捕捉建筑左侧轮廓，绘制一个矩形面，如图4-6所示。

图 4-5

图 4-6

步骤 07 激活偏移工具，将矩形边线向内进行偏移，与照片中的墙体对齐，如图4-7所示。

步骤 08 激活直线工具，继续捕捉绘制墙体线，再删除部分线条，将部分墙体轮廓分割出来，如图4-8所示。

图 4-7

图 4-8

步骤 09 激活推拉工具，推出墙体造型，如图4-9所示。

步骤 10 继续激活推拉工具，推出窗台造型，如图4-10所示。

图 4-9

图 4-10

步骤 11 利用直线工具、推拉工具继续制作墙体模型，如图4-11所示。

步骤 12 按住鼠标中键旋转视口，利用直线工具、推拉工具制作出建筑底部的墙体，如图4-12所示。

图 4-11

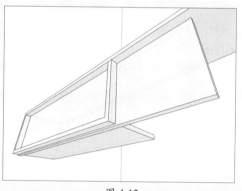

图 4-12

步骤 13 切换到场景中，激活直线工具，捕捉绘制矩形墙面，如图4-13所示。

图 4-13

步骤 **14** 旋转视口，激活推拉工具，将地面高度向上推出到与墙面对齐，如图4-14所示。

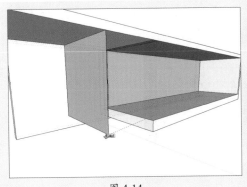

图 4-14

步骤 **15** 返回到场景中，继续利用推拉工具将地面向外推出，如图4-15所示。

步骤 **16** 激活偏移工具，将内墙的边线向内偏移出厚度，如图4-16所示。

图 4-15

图 4-16

步骤 **17** 利用移动工具绘制门套、窗套并调整造型，如图4-17所示。

步骤 **18** 激活推拉工具，推出门框、窗框效果，如图4-18所示。

图 4-17

图 4-18

步骤 19 利用直线工具、推拉工具创建墙体、踏步模型，如图4-19所示。

步骤 20 继续制作水泥平台模型，如图4-20所示。

图 4-19

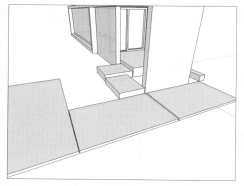

图 4-20

步骤 21 将模型各自成组，再制作门模型并添加把手，如图4-21所示。

步骤 22 制作阳台窗户造型，如图4-22所示。

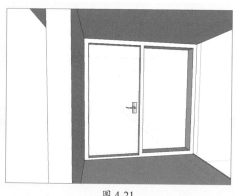

图 4-21

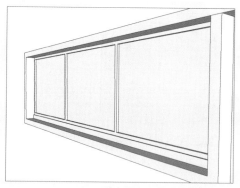

图 4-22

步骤 23 完善整体建筑模型，如图4-23所示。

步骤 24 为模型添加材质、天空，以及植物、山石等素材模型，最终效果如图4-24所示。

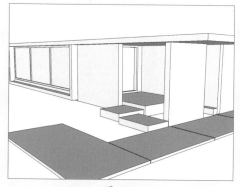

图 4-23

图 4-24

听 我 讲 ◗ Listen to me

4.1　组与实体工具

组与实体功能的应用对场景中模型的创建及管理起到非常重要的作用，在实际的工作中，可根据场景的需要灵活使用。

4.1.1　组件工具

在SketchUp中，用户可以对多个对象进行打包组合。组件与群组有许多共同之处，很多情况下区别不大，都可以将场景中众多的构件编辑成一个整体，保持各构件之间的相对位置不变，从而实现各构件的整体操作。

组件是SketchUp中常用的技术，在建模中非常重要，在适当的时候把模型对象成组，可避免模型黏连的情况发生。同时应充分利用组件的关联复制性，把模型成组后再复制，以提高后续模型的应用效率。

选择要创建组件的对象，单击鼠标右键，在弹出的快捷菜单中选择"创建组件"命令，会弹出"创建组件"对话框，如图4-25所示。在该对话框中，用户可以定义组件的名称、对齐属性以及高级属性。

图 4-25

- **定义：** 用于为制作的组件定义名称，中、英文和数字皆可。
- **描述：** 用于输入组件的描述文字，方便查阅。
- **黏接至：** 用于指定组件插入时要对齐的面，可以在下拉列表中选择"无""任意""水平""垂直"或"倾斜"选项。
- **设置组件轴：** 用于为组件指定一个内部坐标。
- **切割开口：** 在创建门洞、窗洞等组件时，需要自动在物体上开洞。勾选此复选框，组件将会在与表面相交的位置剪切开口。

- **总是朝向相机：** 勾选该复选框，场景中的组件将始终对齐到视图，以面向相机的方向显示，不受视图变化的影响。该选项主要应用于二维图形，以避免出现不真实的单面渲染效果。
- **阴影朝向太阳：** 勾选该复选框，组件将始终显示阴影面的投影。
- **价格/尺寸/URL/类型：** 可以额外将价格、尺寸、定位、所有者和状态等信息嵌入组件中。

💬 **绘图技巧**

如果在"创建组件"对话框中勾选了"总是朝向相机""阴影朝向太阳"复选框，则不论如何旋转视口，组件都始终以正面面向视口，以避免出现不真实的单面渲染效果。

4.1.2　群组工具

群组是一些点、线、面或者实体的集合，与组件的区别在于它没有组件库和关联复制的特性。但是群组可以作为临时性的组件，并且不占用组件率，也不会使文件变大，所以使用起来还是很方便的。

1. 群组的创建与分解

选择要创建群组的多个物体，单击鼠标右键，在弹出的快捷菜单中选择"创建群组"命令，即可将对象创建为群组，如图4-26和图4-27所示。单击任意物体的任意部位，即会发现它们成了一个整体。

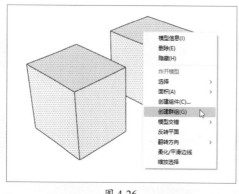
图 4-26

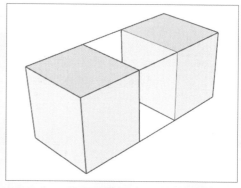
图 4-27

分解群组的操作步骤同创建群组基本相似，选择群组，单击鼠标右键，在弹出的快捷菜单中选择"分解"命令即可。

2. 群组的嵌套

群组的嵌套即群组中包含群组，指创建一个群组后，将该群组同其他物体一起再次创建成一个群组。

选择多个群组并单击鼠标右键，在弹出的快捷菜单中选择"创建群组"命令，即可将多个群组对象创建成嵌套群组，如图4-28和图4-29所示。

图 4-28

图 4-29

　在有嵌套的群组中使用"分解"命令，一次只能分解一级嵌套。如果有多级嵌套，就必须一级一级地进行分解。

3. 群组的编辑

双击群组或者在右键快捷菜单中选择"编辑组"命令，即可对群组中的模型进行单独选择和调整，调整完毕后还可以恢复到群组状态，如图4-30和图4-31所示。

图 4-30

图 4-31

知识链接　　　　在打开群组后，选择其中的模型，按Ctrl+X组合键可以暂时地将其剪切出群组。关闭群组后，再按Ctrl+V组合键，就可以将该模型粘贴到场景中并移出组。

4. 群组的锁定与解锁

在场景中如果有暂时不需要编辑的群组，用户可以将其锁定，以免误操作。选择群组，单击鼠标右键，在弹出的快捷菜单中选择"锁定"命令即可，如图4-32所示。锁定后的群组会以红色线框显示，用户不可以对其进行修改，如图4-33所示。需要说明的是，只有群组才可以被锁定，物体是无法被锁定的。

如果要对群组进行解锁，单击右键，选择快捷菜单中的"解锁"命令即可。

图 4-32　　　　　　　　　　　　　　　　图 4-33

4.1.3　模型交错

使用模型交错工具，可以通过两个及两个以上相交的模型创建出分割边线，从而制作出特殊的造型效果。

4.1.4　实体工具

SketchUp中的实体工具包含"实体外壳""相交""联合""减去""剪辑""拆分"6种工具，如图4-34所示，也就是我们平时所说的布尔运算工具。接下来分别介绍每种工具的使用方法。

图 4-34

1. 实体外壳

　　实体外壳工具可以快速将多个单独的实体模型合并成一个实体。激活实体外壳工具，将光标移动到一个实体上，出现"①实体组"提示，表示当前合并的实体数量。单击该对象，再将光标移动到另一个实体上，单击即可将两个实体组成一个实体，如图4-35～图4-37所示。

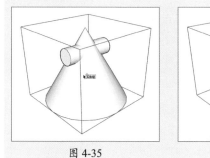 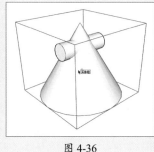 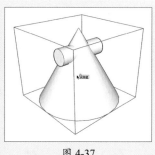

图 4-35　　　　　　　　　　图 4-36　　　　　　　　　　图 4-37

💬 绘图技巧

　　SketchUp中的实体外壳工具与之前介绍的组嵌套有些相似的地方，都可以将多个实体组成一个大的对象。但是，使用组嵌套的实体在打开后仍可进行单独的编辑，而使用实体外壳工具进行组合的实体是一个单独的实体，打开后其中的模型将无法进行单独的编辑。

2. 相交

　　相交工具也就是大家熟悉的布尔运算交集工具，大多数三维图形软件都具有这个功能。交集运算可以快速获取实体之间相交的那部分模型。操作步骤与实体外壳工具相同，激活相交工具，依次选择相交的两个实体即可得到相交的部分，如图4-38和图4-39所示。

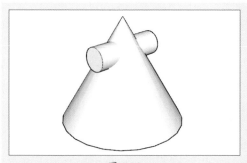 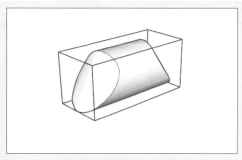

图 4-38　　　　　　　　　　　　　　　　　图 4-39

💬 绘图技巧

　　相交工具并不局限于两个实体之间，多个实体也可以使用该工具。用户可以先选择全部相关实体，再单击"相交"工具按钮。

3. 联合

联合工具即布尔运算中的并集工具。在SketchUp中，联合工具和之前介绍的实体外壳工具的功能没有明显的区别，其使用方法也相同，这里就不多做介绍了。

4. 减去

减去工具即布尔运算差集工具，运用该工具可以将某个实体中与其他实体相交的部分进行切除。激活减去工具，先单击要减去的实体，再单击要保留的实体，即可完成操作，如图4-40~图4-42所示。

 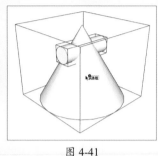 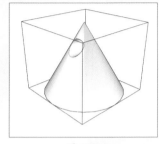

图 4-40   图 4-41   图 4-42

💬 **绘图技巧**

在使用减去工具时，实体的选择顺序可以决定最后的运算结果。运算完成后，保留的是后选择的实体，先选择的实体及相交的部分被删除。

5. 剪辑

剪辑工具类似于减去工具，不同的是使用剪辑工具运算后，会删除后面选择的实体的相交的部分。与减去工具相似，使用剪辑工具选择实体的顺序不同，会产生不同的修剪结果。

激活剪辑工具，单击相交的其中一个实体，再单击另一个实体即可，如图4-43和图4-44所示。

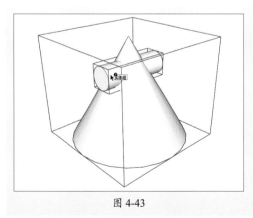 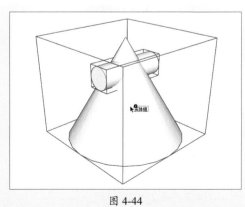

图 4-43   图 4-44

操作完毕后，将实体移动到一侧，就可以看到第二个实体被删除了相交的部分，而第一个实体完整无缺，如图4-45所示。

6. 拆分

拆分工具功能类似于相交工具，但是其操作结果是获得实体相交的那部分，同时仅删除实体之间相交的部分，结果如图4-46所示，其操作步骤与"相交""减去"等工具相同，这里不多介绍。

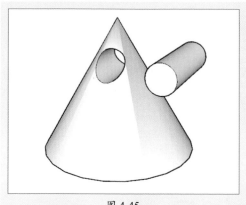

图 4-45

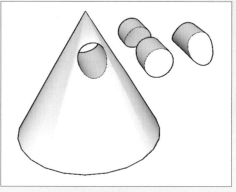

图 4-46

下面利用模型交错功能制作欧式拱形连廊模型，操作步骤如下。

步骤 01 打开"视图"工具栏，切换到前视图，激活圆形工具，在数值输入框中输入边数50，接着在前视图中绘制一个半径为1500mm的圆，如图4-47所示。

步骤 02 激活直线工具，捕捉圆心绘制一条直线，如图4-48所示。

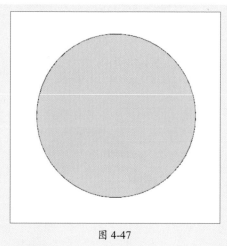

图 4-47

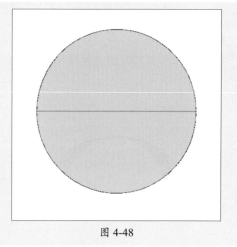

图 4-48

步骤 03 选择并删除下方的半圆，如图4-49所示。

步骤 04 激活偏移工具，将剩余的半圆边线向内偏移200mm，再删除下方的边线，仅保留圆弧面，如图4-50所示。

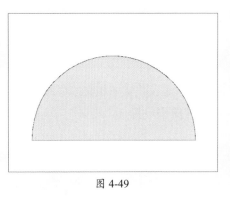

图 4-49

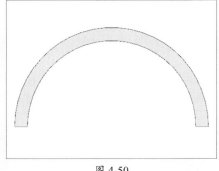

图 4-50

步骤 05 切换到等轴视图，激活推拉工具，将圆弧面推出4000mm，如图4-51所示。

步骤 06 选择模型，单击鼠标右键，在弹出的快捷菜单中选择"创建群组"命令，将其创建成群组，如图4-52所示。

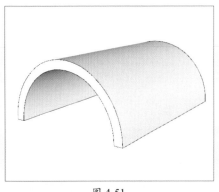

图 4-51

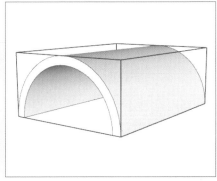

图 4-52

步骤 07 激活直线工具，在模型底部捕捉中点绘制一条直线，如图4-53所示。

步骤 08 双击组对象进入编辑模式，再全选对象，如图4-54所示。

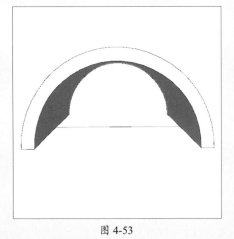

图 4-53

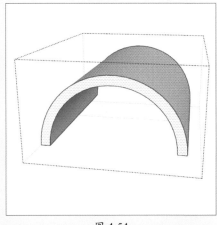

图 4-54

步骤 09 激活旋转工具，以组外的直线中点为旋转中心，按住Ctrl键旋转并复制对象，输入旋转度数90°，如图4-55所示。

步骤 10 全选对象，单击鼠标右键，在弹出的快捷菜单中选择"模型交错" | "模型交错"命令，如图4-56所示。

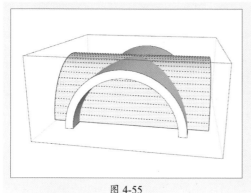
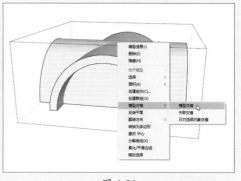

图 4-55　　　　　　　　　　　　　图 4-56

步骤 11 在视口中可以看到模型交错后创建的交叉线。删除下方多余的边线，制作出拱形顶部造型，如图4-57和图4-58所示。

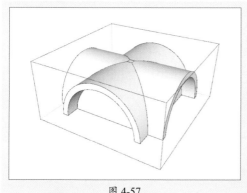
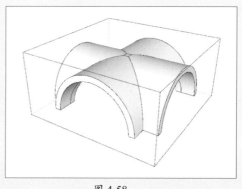

图 4-57　　　　　　　　　　　　　图 4-58

步骤 12 退出编辑模式，删除底部的直线。激活矩形工具，捕捉拱形底部，绘制一个尺寸为700mm×1400mm的矩形，如图4-59所示。

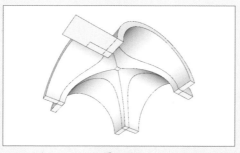

图 4-59

步骤 13 激活推拉工具，将矩形向下推出1500mm的高度，制作出拱形下方的立柱，如图4-60所示。

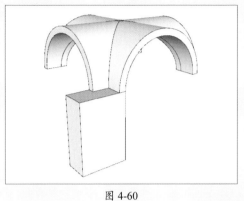

图 4-60

步骤 14 切换到前视图，激活直线工具，绘制尺寸为300mm×200mm的矩形；再激活移动工具，按住Ctrl键复制边线，如图4-61所示。

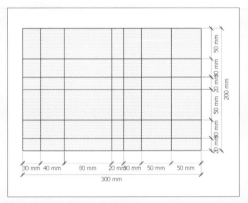

图 4-61

步骤 15 激活圆弧工具，捕捉绘制弧线，如图4-62所示。

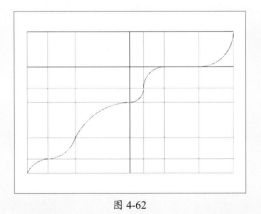

图 4-62

步骤 16 删除多余的边线，并将剩余的图形对齐至立柱顶部，如图4-63所示。

步骤 17 隐藏拱形顶部，激活路径跟随工具，按住图形并绕上方边线一周制作出边框造型，如图4-64所示。

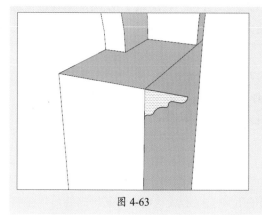

图 4-63

图 4-64

步骤 18 将立柱创建成群组，再取消隐藏顶部模型。复制顶部和立柱模型，制作出连廊造型，如图4-65所示。

步骤 19 选择最外侧的立柱，双击进入编辑模式，选择一半边线，向内移动700mm，如图4-66所示。

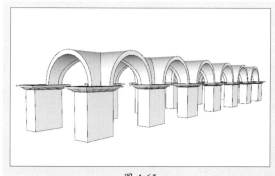

图 4-65

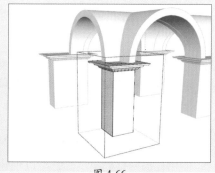

图 4-66

步骤 20 照此方法，调整其他三处立柱，完成欧式连廊的制作，如图4-67和图4-68所示。

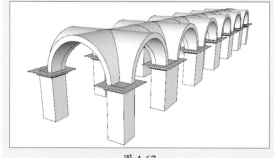

图 4-67

图 4-68

4.2 沙箱工具

沙箱工具是SketchUp中内置的一个地形工具，用于制作三维地形效果。在新版本的SketchUp中，沙箱工具是默认加载好的，无须读者再手动加载。"沙箱"工具栏中包含"根据等高线创建""根据网格创建""曲面起伏""曲面平整""曲面投射""添加细部""对调角线"7种工具，如图4-69所示。

图 4-69

4.2.1 根据等高线创建

根据等高线创建工具的功能是封闭相邻的等高线以形成三角面。其等高线可以是直线、圆弧、圆形或者曲线等，它们将自动封闭闭合或者不闭合的线形成面，从而形成有等高差的坡地。

根据等高线创建工具可以快速生成地形，但也有以下几个缺点。

（1）不能对等高线进行预处理。

（2）若对等高线的外部控制不好，经常会生成多余的面。

（3）生成地形的UV线是乱的，影响后续的编辑和贴图效果。

> **知识链接** 利用根据等高线创建工具制作出的地形细节效果取决于等高线的精细程度，等高线越细致紧密，所制作出的地形图就越精致。

4.2.2 根据网格创建

使用根据网格创建工具，可以创建细分网格地形，并能进行细节的刻画，以制作出真实的地形效果。

激活根据网格创建工具，在视口中单击一点作为绘制起点，拖动光标绘制网格一边的宽度，单击鼠标确认；再横向拖动光标绘制出网格另一边的宽度，单击确认即可完成网格的绘制，如图4-70～图4-72所示。

在红色轴线上

图 4-70

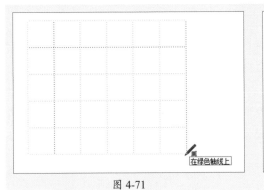

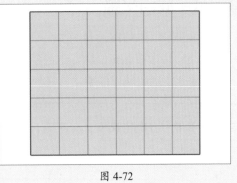

图 4-71   图 4-72

    方格网并不是最终的效果，设计者还可以利用"沙箱"工具栏中的其他工具配合制作需要的地形。

4.2.3 曲面起伏

    从该工具开始，后面的几个工具都是围绕上述两个工具的执行结果进行修改。曲面起伏工具的主要作用是修改地形Z轴的起伏程度，拖出的形状类似于正弦曲线。需要说明的是，此工具不能对组与组件进行操作。

    使用根据网格创建工具创建网格后，双击网格进入编辑状态，激活曲面起伏工具，将光标移动到网格上，单击一点，再上下移动光标来确定拉伸的Z轴高度，释放鼠标即可制作出起伏效果，如图4-73和图4-74所示。

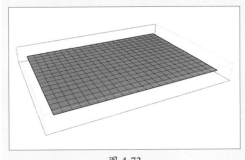

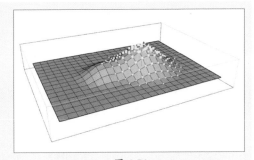

图 4-73   图 4-74

知识链接

    （1）用等高线生成的对象和用网格生成的对象是一个组，此时要注意，在组的编辑状态下才可以使用此工具。

    （2）此工具只能沿系统默认的Z轴进行拉伸。如果想要多方位拉伸，可以结合旋转工具（先将拉伸的组旋转到一定的角度，再进入编辑状态进行拉伸）。

    （3）如果用户想只对个别的点、线、面进行拉伸的话，先将圆的半径设置为比一个正方形网格单位小的数值（或者设置成最小单位1mm）。设置完成后，先退出此工具，再选择点、线（两个顶点）、面（面边线所有的顶点），然后使用此工具进行拉伸即可。

4.2.4　曲面平整

　　曲面平整工具的图标是一个小房子放置在有高差的地形上，从中不难看出该工具的用途就是将房子沿底面偏移一定的距离放置在地形上。当房子建在斜面上时，房子的位置必须是水平的，所以需要平整场地。

　　选择山地上的长方体模型，单击"曲面平整"工具按钮，模型下方会出现红色的边框，再单击下方山地模型，在对应长方体模型的下方会挤出一块平整的场地，如图4-75和图4-76所示。

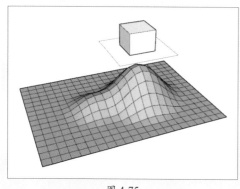
图 4-75

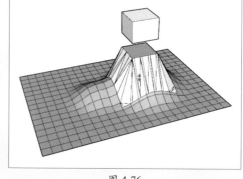
图 4-76

　　移动光标可调整场地高度，再单击鼠标即可完成山地的平整操作，如图4-77所示。向下移动长方体，即可将其对齐到山地的平整处，如图4-78所示。

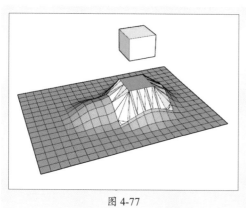
图 4-77

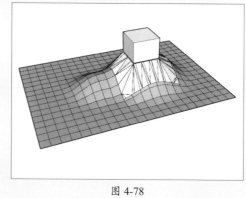
图 4-78

4.2.5　曲面投射

　　曲面投射的功能是将平面化成曲面，投射到地形上形成路网，常用于在山地上开辟山路。

　　选择绘制好的道路平面，激活曲面投射工具，再单击山地模型，即可将道路投射到山地上，如图4-79和图4-80所示。

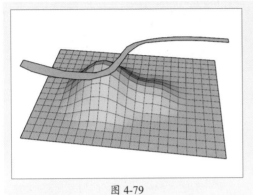

图 4-79

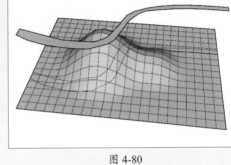

图 4-80

4.2.6　添加细部

　　添加细部工具的功能是对已经绘制好的网格物体进一步细化。若原有网格物体的部分或者全部的网格密度不够，就需要使用添加细部工具来进行调整。

　　选择创建好的网格山地，双击进入编辑模式，选择需要进行细分的网格部分，激活添加细部工具，即可将其细分。如图4-81和图4-82所示，一个网格分成四块，共八个三角面，其中坡面的网格会略有不同。

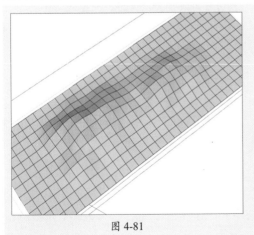

图 4-81

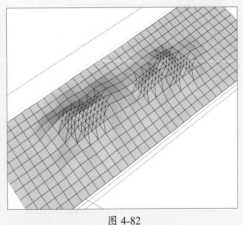

图 4-82

此时如果还未满足细分的要求，可以按照上面的步骤再进一步细分、拉伸，直至满意为止，如图4-83所示。

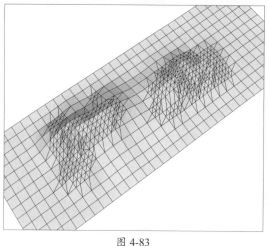

图 4-83

4.2.7　对调角线

对调角线工具的图标很直观地表达了其功能，即对一个四边形的对角线进行对调（变换对角线）。因为软件执行的结果有时不能随着地形顺势而下，所以需要使用该工具手动调整对角线。有些面是四边形，但是其对角线都是隐藏的，激活对调角线工具后，将光标移动到对角线上，则对角线会以高亮显示，如图4-84和图4-85所示。

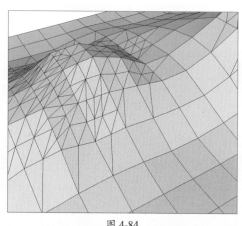

图 4-84

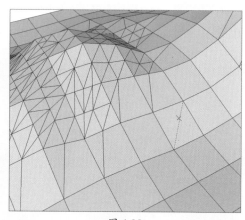

图 4-85

单击对角线，即可将其对调。执行"视图"|"隐藏物体"命令，可以将对角线虚显出来，如图4-86所示。如此可以继续对其他对角线进行对调，直到达到要求，如图4-87所示。

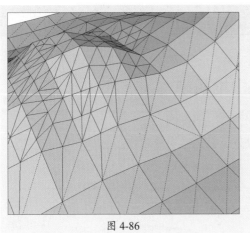

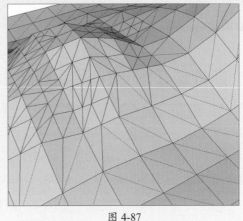

图 4-86   图 4-87

4.3   "照片匹配"功能

　　SketchUp的"照片匹配"功能可以根据实景照片快速创建建筑模型，并创建与之相类似的环境，操作起来快捷、高效、真实。此功能最适合制作构筑物（包含表示平行线的部分）图像模型，如方形窗户的顶部和底部。

　　关于照片匹配的命令有两个，分别是"匹配新照片"命令和"编辑匹配照片"命令；只有新建照片匹配后，"编辑匹配照片"命令才会被激活。

知识链接　　使用控制视口的工具会强制从"照片匹配"模式退出，进入标准的SketchUp绘图模式。单击场景标签可返回"照片匹配"模式。控制视口的工具包含环绕观察工具、定位相机工具、漫游工具、绕轴旋转工具。

学　习　心　得

自 己 练

项目练习1：根据等高线制作山地模型

操作要领 ①使用手绘线绘制一个封闭图形，删除面。

②向上复制边线，并使用缩放工具依次缩放边线。

③使用根据等高线创建工具制作山地模型。

图纸展示 如图4-88和图4-89所示。

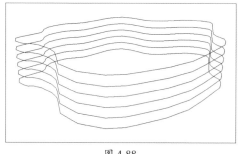 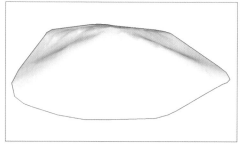

图 4-88   图 4-89

项目练习2：创建植物组件

操作要领 ①选择模型，单击鼠标右键，在弹出的快捷菜单中选择"创建组件"
命令，打开"创建组件"对话框。

②设置组件轴，勾选"总是朝向相机"复选框。

图纸展示 如图4-90所示。

图 4-90

SketchUp

第**5**章

辅助建模工具

本章概述

为了操作更加便捷，SketchUp提供了许多辅助绘图的工具，帮助用户更快、更好地进行建模操作。本章将介绍建筑施工工具、标记工具以及场景动画等知识。通过本章的学习，读者能够创建出更加精细、准确的模型场景。

要点难点

- 建筑施工工具的应用 ★★☆
- 标记工具的应用 ★☆☆
- 相机工具的应用 ★★☆

跟我学 制作场景漫游动画

学习目标 本案例将利用定位相机工具和漫游工具定位场景视角，再为该视角创建场景，通过多个视角的切换制作并导出漫游动画。

案例路径 云盘 \ 实例文件 \ 第5章 \ 跟我学 \ 制作场景漫游动画

步骤01 打开准备好的模型场景，如图5-1所示。

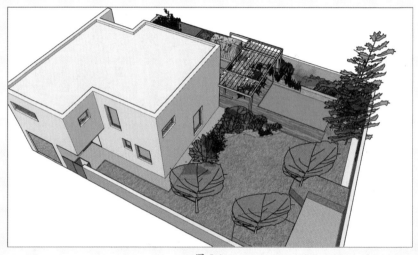

图 5-1

步骤02 激活定位相机工具，在场景中的草坪上单击一点，即可进入该点的视角，如图5-2和图5-3所示。

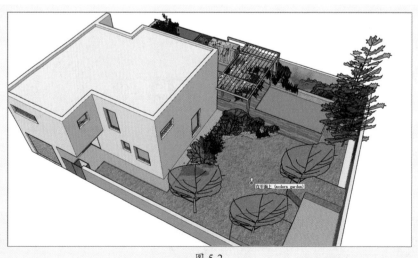

图 5-2

图 5-3

步骤 03 激活漫游工具，按住鼠标左键向下移动，即可向后调整视野，如图5-4所示。执行"视图"|"动画"|"添加场景"命令，创建第一个场景。

图 5-4

步骤 04 按住鼠标左键向右推动，前进到一定的距离时停止移动，并添加新的场景，如图5-5所示。

步骤 05 继续向前移动视角，再向左移动鼠标左转视角，按住Shift键调整视线高度，并添加新的场景，如图5-6所示。

步骤 06 按住Shift键向右移动鼠标，则视线也会向上移动；再向前移动鼠标拉进视角，创建新的场景，如图5-7所示。

图 5-5

图 5-6

图 5-7

步骤 07 按住Shift键向右平移视线，接着向后拉远视线，再向左旋转视线，创建新的场景，如图5-8所示。执行"视图"|"动画"|"播放"命令即可预览动画。

图 5-8

步骤 08 执行"文件"|"导出"|"动画"命令，打开"输出动画"对话框，设置动画存储路径及名称，再设置文件保存类型，如图5-9所示。

步骤 09 单击"选项"按钮，打开"输出选项"对话框，设置分辨率、帧速率等参数，如图5-10所示。

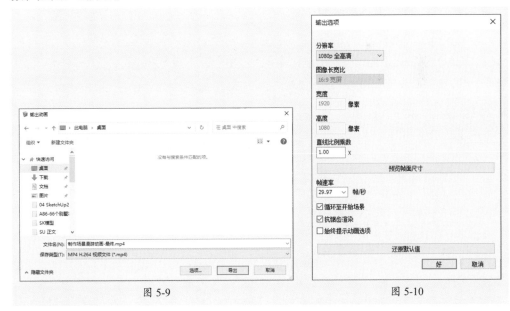

图 5-9   图 5-10

步骤 10 关闭"输出选项"对话框，单击"导出"按钮即可开始输出，系统会弹出如图5-11所示的进度框。

步骤 11 输出完毕后，通过播放器即可观看场景漫游动画效果，如图5-12所示。

图 5-11

图 5-12

学 习 心 得

听 我 讲 ▶ Listen to me

5.1 建筑施工工具 ///

　　SketchUp建模可以达到很高的精确度，这主要得益于功能强大的"建筑施工"工具。"建筑施工"工具栏包含"卷尺""尺寸""量角器""文字""轴"及"三维文字"工具，如图5-13所示。其中"卷尺"与"量角器"工具主要用于尺寸与角度的精确测量与辅助定位，其他工具则用于进行各种标识与文字创建。

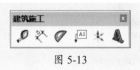

图 5-13

5.1.1 卷尺工具

　　卷尺工具不仅可以用于距离的精确测量，也可以用于制作精准的辅助线。

1. 测量长度 ───

　　激活卷尺工具，当光标变成卷尺状 ⌀ 时单击确定测量起点，移动光标至测量终点，光标旁会显示出距离值，在数值控制栏中也可以看到显示的长度值，如图5-14和图5-15所示。

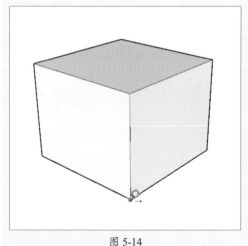

图 5-14

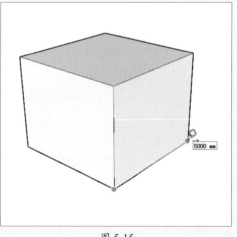

图 5-15

知识链接　　如果事先未对单位精度进行设置，那么数值控制栏中显示的测量数值为大约值，这是因为SketchUp根据单位精度进行了四舍五入。打开"模型信息"对话框，在"单位"选项板中即可对单位精度进行设置，如图5-16所示。

图 5-16

2 创建辅助线

卷尺工具还可以创建如下两种辅助线。

（1）线段延长线

激活卷尺工具后，用光标在需要创建延长线段的端点处拖出一条延长线，延长线的长度可以在屏幕右下角的数值控制栏中输入，如图5-17所示。

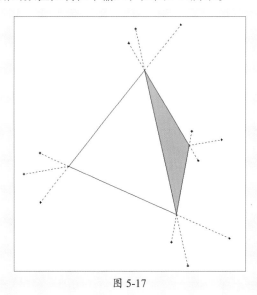

图 5-17

（2）直线偏移的辅助线

激活卷尺工具后，在偏移辅助线两侧端点外的任意位置单击，以确定辅助线起点，如图5-18所示。移动光标，就可以看到偏移辅助线随着光标的移动自动出现，如图5-19所示，也可以直接在数值控制栏中输入偏移值。

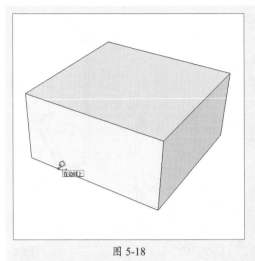

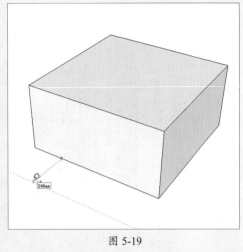

图 5-18   图 5-19

💬 绘图技巧

　　场景中常常会出现大量的辅助线，如果是已经不需要的辅助线，就可以直接删除；如果辅助线在后面还有用处，可以将其隐藏起来，选择辅助线，执行"编辑"|"隐藏"命令即可，或者单击鼠标右键，在弹出的快捷菜单中选择"隐藏"命令。

　　下面利用卷尺工具调整人物组件在室内的比例，具体操作如下。

　　步骤 01 打开准备好的室内场景，如图5-20所示。

图 5-20

　　步骤 02 再打开准备好的人物.skp文件，复制人物图形，粘贴到室内场景的合适位置，如图5-21所示。

图 5-21

步骤 03 选择人物图形并单击鼠标右键，在弹出的快捷菜单中选择"创建组件"命令，如图5-22所示。

图 5-22

步骤 04 在弹出的"创建组件"对话框中输入组件名称，并勾选"总是朝向相机"复选框，如图5-23所示。

步骤 05 单击"设置组件轴"按钮返回视口，指定组件的轴点，如图5-24所示。

步骤 06 双击后返回"创建组件"对话框，单击"创建"按钮关闭对话框，即可创建组件，如图5-25所示。

图 5-23　　　　　　　　　　　　　图 5-24

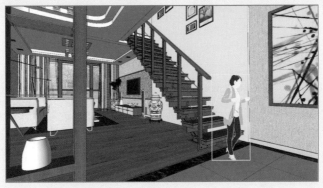

图 5-25

步骤 07 双击组件进入编辑模式，激活卷尺工具，捕捉人物的顶部到底部，单击后会创建辅助线，如图5-26和图5-27所示。

图 5-26　　　　　　　　　　图 5-27

步骤 08 在数值输入栏中输入数值1650，表示人物的身高，按Enter键会弹出一个提示框，单击"是"按钮即可在编辑模式内缩放人物图形，如图5-28所示。

步骤 09 删除辅助线，退出编辑模式，再适当调整组件位置，即可看到最终效果，如图5-29所示。

图 5-28

图 5-29

5.1.2 尺寸工具

SketchUp具有十分强大的标注功能，能够创建满足施工要求的尺寸标注，这也是SketchUp区别于其他三维软件的一个明显优势。

不论是建筑设计还是室内设计，一般都可归结为两个阶段，即方案设计和施工图设计。在施工图设计阶段，需要绘制施工图，要求有大量详细、精确的标注。与3ds Max相比，SketchUp软件的优势是可以绘制施工图，而且是绘制三维施工图。

1. 标注样式的设置

不同类型的图纸对于标注样式有不同的要求，在图纸中进行标注的第一步就是设置需要的标注样式，用户可以在"模型信息"对话框的"尺寸"选项板中进行相关参数的设置，如图5-30所示。

图 5-30

　　使用AutoCAD绘制建筑施工图和使用SketchUp绘制建筑施工图是不一样的。使用AutoCAD绘制的建筑施工图是二维的，各类图形要素必须符合国标；而使用SketchUp绘制的施工图是三维的，只要便于查看即可。

② 尺寸标注

SketchUp的尺寸标注是三维的，其引出点可以是端点、终点、交点以及边线，并且可以标注三种类型的尺寸：长度、半径、直径。

（1）长度标注

激活尺寸工具，在线的起点单击，移动光标到线的终点，再次单击，移动光标即可创建尺寸标注，如图5-31所示。

图 5-31

（2）半径标注

SketchUp中的半径标注主要是针对弧形物体。激活尺寸工具，单击弧形，移动光标即可创建半径标注，标注中的R表示半径。

（3）直径标注

SketchUp中的直径标注主要是针对圆形物体。激活尺寸工具，单击圆形，移动光标即可创建直径标注，标注中的DIA表示直径。

　　尺寸标注的数值是系统自动计算的，一般情况下是不允许修改的。因为作图时必须将场景中的模型与实际尺寸按1∶1的比例绘制，这种情况下，绘图是多大的尺寸，在标注时就是多大。

　　如果标注时发现模型的尺寸有误，应该先对模型进行修改，再重新进行尺寸标注，以确保施工图纸的准确性。

5.1.3　量角器工具

　　量角器工具可以用来测量角度，也可以用来创建所需要的角度辅助线。

　　激活量角器工具，当光标变成　时，单击指定量角器中心；移动光标选择目标测量角的任意一条边线，再移动光标选择目标测量角的另一条边线，单击鼠标完成测量，如图5-32和图5-33所示。系统会自动在第二条边线上创建一条辅助线，且在数值控制栏中可以看到测量角度。

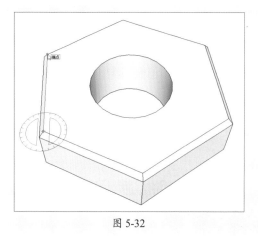 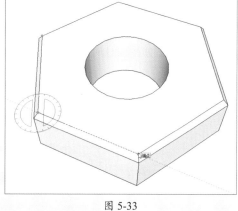

图 5-32　　　　　　　　　　　　　　　　　图 5-33

5.1.4　文字工具

　　文字工具用来插入文字到模型中，其插入的文字主要有两类，分别是引线注释文字和屏幕文字。在"模型信息"对话框的"文本"选项板中可以设置文字和引线的样式，包含引线文字、引线端点、字体类型和颜色等，如图5-34所示。

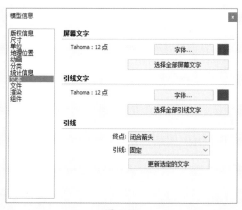

图 5-34

1. 引线注释文字

　　激活文字工具，然后在实体上单击并拖动鼠标，拖出引线，在合适的位置单击确定文本框的位置，最后输入注释文字内容即可创建引线注释文字，如图5-35和图5-36所示。

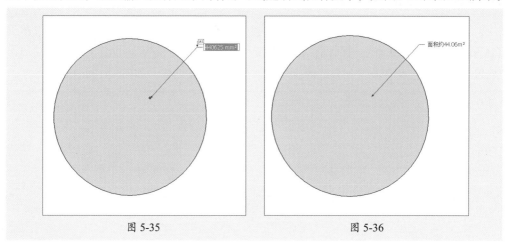

图 5-35   图 5-36

2. 注释文字

激活文字工具，然后在实体上双击鼠标，即可创建不带引线的文本框，输入文字内容即可创建注释文字，如图5-37和图5-38所示。

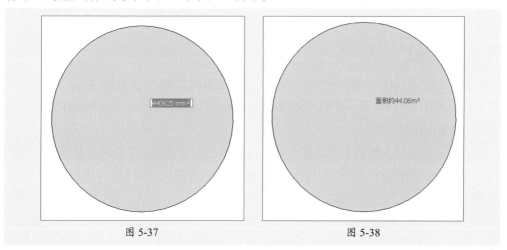

图 5-37   图 5-38

3. 屏幕文字

激活文字工具，在屏幕的空白处单击，在弹出的文本框中输入文字即可创建屏幕文字，如图5-39和图5-40所示。

图 5-39   图 5-40

5.1.5 三维文字工具

三维文字工具广泛地应用于广告、Logo、雕塑文字中。激活三维文字工具，系统会弹出"放置三维文本"对话框，在其中输入相应的文字内容，再设置文字样式，单击"放置"按钮，将文字放置到合适的位置，单击即可完成创建，如图5-41和图5-42所示。

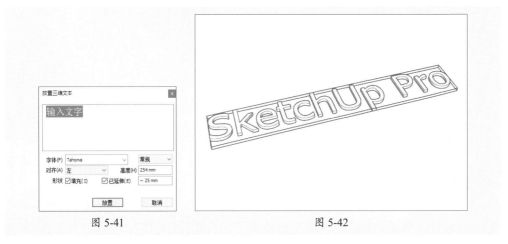

图 5-41 　　　　　　　　　　　　　　　　　　图 5-42

5.2　标记工具

很多图形图像软件都有标记功能。标记功能主要有两大类：一类如3ds Max、AutoCAD，作用是管理图形文件；另一类如Photoshop，用来绘图时做出特效。而SketchUp的标记功能是用来管理图形文件。

由于SketchUp主要是单面建模，单体建筑是一个物体，一个室内场景也是一个物体，所以标记管理这个功能就不会像AutoCAD有那么高的使用频率，室内设计与单体建筑设计中根本用不到这个功能。

执行"视图"|"工具栏"命令，打开"工具栏"对话框，勾选"标记"复选框，打开"标记"工具栏，如图5-43所示。执行"窗口"|"默认面板"|"标记"命令，可以打开标记管理器，如图5-44所示。

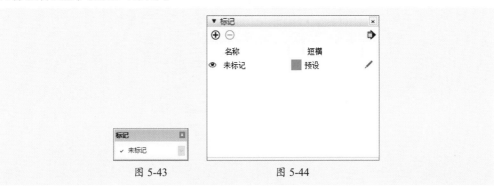

图 5-43 　　　　　　　　　　　图 5-44

5.2.1　标记的显示与隐藏

管理标记的一个重要方式就是显示与隐藏标记。为了对同一类别的图形对象进行快速操作，如赋予材质、整体移动等，可以将其他类别的标记隐藏起来，只显示此时需要操作的标记。

如果已经按照图形的类别进行了分类，那么就可以快速显示和隐藏标记了。要隐藏标记，只需要在标记管理器中取消勾选标记对应"显示"列表中的复选框即可，如图5-45所示。在"标记"工具栏中，显示标记的字体为黑色，隐藏标记的字体为灰色，如图5-46所示。要注意的是，当前标记不可隐藏。

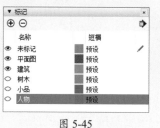

图 5-45　　　　　　图 5-46

知识链接　在大型场景的建模过程中，特别是小区设计、景观设计、城市设计，由于图形对象较多，用户应详细地对图形进行分类，并依此创建标记，以方便后面的作图与图形的修饰。而在单体建筑设计与室内设计中，图形相对较为简单，此时不需要使用标记管理，使用默认的Layer0标记进行绘图即可。

5.2.2　增加与删除标记

在SketchUp中，系统会自动创建一个默认标记。如果不新建其他标记，则所有的图形都将被放置在该标记中。该标记不能被删除，不能改名。如果系统只有这一个标记，则该标记也不能被隐藏。

单击"添加标记"按钮 ⊕ ，即可创建新的标记，用户可以设置标记名称及标记颜色。单击"删除标记"按钮 ⊖ ，可以直接删除没有图形文件的标记；如果该标记中有图形文件，在删除标记时会弹出如图5-47所示的"删除包含图元的标记"对话框，用户可以根据具体需求进行选择。

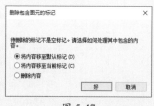

图 5-47

127

5.3 漫游与动画

使用SketchUp的漫游工具，可以像散步一样仔细全面地观察视图中的模型，还可以固定视线高度，模拟真人在模型中漫步，而后可以根据漫游路线制作出场景动画。

5.3.1 相机与定位

"定位相机""正绕轴旋转""漫游"等工具位于"相机"工具栏中，如图5-48所示。其中，定位相机工具和正绕轴旋转工具用于相机位置与观察方向的确定，而漫游工具则用于制作漫游动画。

图 5-48

1. 定位相机工具与绕轴旋转工具

定位相机工具可以快速设定场景的观察角度，并能通过镜头值调整透视效果。激活定位相机工具，此时光标将变成 🧍，将光标移至合适的放置点，如图5-49所示，单击鼠标确定相机放置点，系统会默认眼睛高度为1676mm，场景视角也会发生变化，如图5-50所示。

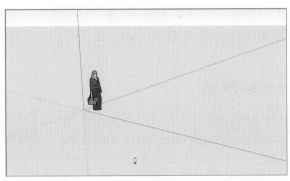

图 5-49

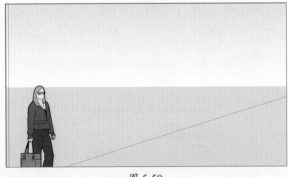

图 5-50

完成镜头角度设置后，光标会变成⊚，即自动激活绕轴旋转工具。绕轴旋转工具主要用于调整镜头观察方向，与视图旋转工具不同的是，绕轴旋转是以观察点为轴心进行旋转。

按住鼠标左键不放，拖动光标即可进行视角的转换，如图5-51所示。

图 5-51

2. 漫游工具

用户可以通过漫游工具模拟出跟随观察者移动，从而在相机视图内产生连续变化的漫游动画效果。

激活漫游工具，光标将会变成🦶。在视口中任意位置单击鼠标左键，即会出现一个十字符号，也就是光标参考点的位置。按住鼠标左键不放，向上移动光标可前进，向下移动光标是后退，左右移动光标则是左右旋转。距离光标参考点越远，移动速度越快。

移动光标的同时按住Shift键可进行垂直或水平的移动。按住Ctrl键移动光标则可以进行加速移动，常用在大型场景中。

5.3.2　场景动画

创建场景后，想要观看某个角度的空间时都需要旋转拖动，尤其是在大型场景中操作起来更加麻烦。"添加场景"这一功能可以将自己认为比较好的视角保存下来，并能在需要时快速切换到该场景。

1. 创建与编辑场景

调整到自己认为合适的视角，执行"视图"|"动画"|"添加场景"命令，即可记录第一个设置好的场景，名为"场景号1"，如图5-52和图5-53所示。

图 5-52

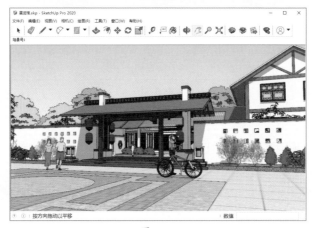

图 5-53

　　按照此操作方法可以创建出多个场景，系统会按顺序进行排列，用户也可以重新命名场景名称，如图5-54所示。

图 5-54

知识链接　　　修改场景后，则需要更新场景。在当前场景的场景号上单击鼠标右键，在弹出的
快捷菜单中选择"更新"命令即可。

2. 设置与播放动画

场景创建完毕，用户可以预览动画以观察效果。对于场景转换和停留时间，可以在
"模型信息"对话框中进行设置。执行"视图"|"动画"|"设置"命令，会打开"模型
信息"对话框的"动画"选项板，如图5-55所示。

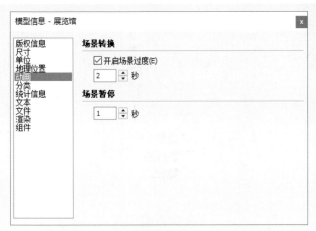

图 5-55

再执行"视图"|"动画"|"播放"命令，即可按顺序播放动画。

3. 导出漫游动画

预览动画后，可以选择将其导出成视频文件。执行"文件"|"导出"|"动画"命
令，打开"输出动画"对话框，保存类型主要分为视频和图像两种，用户可根据需要进
行导出设置，如图5-56所示。

图 5-56

自己练

项目练习1：制作指示牌模型

操作要领 ①使用矩形工具和推拉工具制作立牌和指示符号。

②使用三维文字工具创建文字标识。

图纸展示 如图5-57所示。

图 5-57

项目练习2：创建场景动画

操作要领 ①使用定位相机工具和漫游工具定位合适的角度。

②执行"视图"|"动画"|"添加场景"命令，创建多个场景。

图纸展示 如图5-58所示。

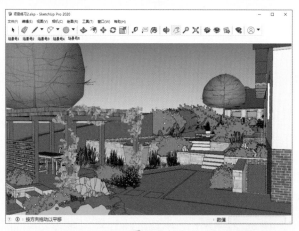

图 5-58

第6章

材质与贴图

本章概述

　　SketchUp的材质库中拥有十分丰富的材质资源，其材质属性包含名称、颜色、透明度、纹理贴图和尺寸大小等。这些材质可以应用于边线、表面、文字、剖面、组和组件等。应用材质后，该材质就会被添加到材质列表中，这个列表中的材质会和模型一起被保存在.skp文件中，这是SketchUp最大的优势之一。本章将学习SketchUp材质和贴图的功能，包含提取材质、填充材质、创建材质和贴图技巧等。

要点难点

● 材质编辑器的应用　★★☆
● 贴图的创建与编辑　★★☆
● 贴图坐标的调整　★☆☆
● 贴图技巧　★☆☆

跟我学 制作酒桶材质 ///

学习目标 本案例将结合本章知识为酒桶模型创建材质，包含木纹理材质的创建以及颜色材质的调用与调整等。

案例路径 云盘\实例文件\第6章\跟我学\制作酒桶材质

步骤 01 打开准备好的酒桶模型，如图6-1所示。

步骤 02 制作木材材质。激活材质工具，打开"材质"面板，单击"创建材质"按钮，打开"创建材质"对话框，输入新的材质名称，如图6-2所示。

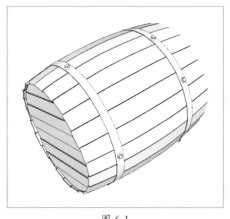

图 6-1　　　　　　　　　　　　　　　　图 6-2

步骤 03 勾选"使用纹理图像"复选框，系统会弹出"选择图像"对话框。选择合适的材质贴图，然后单击"打开"按钮，如图6-3所示。

步骤 04 返回"创建材质"对话框，如图6-4所示。

图 6-3　　　　　　　　　　　　　　　　图 6-4

步骤 05 单击"好"按钮即可创建木材材质，在"材质"面板中可以看到新创建的材质，如图6-5所示。

步骤 06 将材质赋予木桶中的一块板材模型，根据贴图效果可以发现当前贴图尺寸偏小，如图6-6所示。

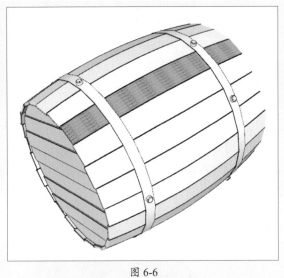

图 6-5   图 6-6

步骤 07 在"材质"面板中切换到"编辑"选项板，重新设置贴图纹理，在视口中可以看到修改后的贴图效果，如图6-7和图6-8所示。

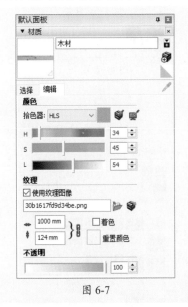

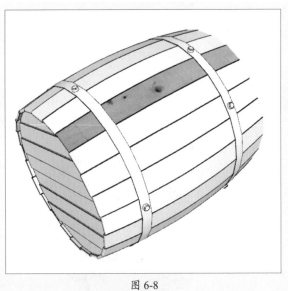

图 6-7   图 6-8

步骤 08 将材质间隔赋予周圈和两端的板材模型，如图6-9所示。

步骤 09 按照此方法再创建多个木材材质，如图6-10所示。

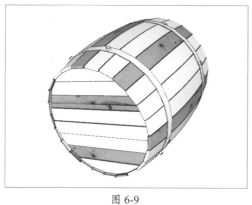

图 6-9 图 6-10

步骤 10 分别将材质间隔赋予木桶板材，如图6-11所示。

步骤 11 制作铁箍材质。从材质库的"指定色彩"材质类型中选择"0136炭黑"材质，如图6-12所示。

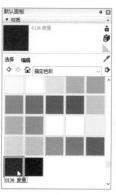

图 6-11 图 6-12

步骤 12 将材质赋予木桶的铁箍，如图6-13所示。

步骤 13 从材质库中选择"D07色"材质，并将材质赋予木桶的螺丝，如图6-14所示。

图 6-13 图 6-14

步骤 14 切换到"编辑"选项板，适当调整颜色，如图6-15和图6-16所示。

图 6-15　　　　　　　　　　　　　　图 6-16

步骤 15 全选木桶对象，将其创建成群组，如图6-17所示。

步骤 16 激活移动工具，按住Ctrl键复制模型并调整位置，如图6-18所示。

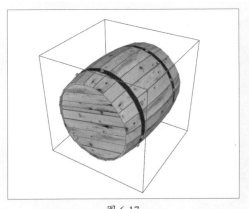

图 6-17　　　　　　　　　　　　　　图 6-18

步骤 17 选择任意模型，激活缩放工具，选择沿红轴的缩放点，在数值输入栏中输入-1，即可镜像对象，如图6-19所示。

图 6-19

步骤 18 切换到右视图，选择模型，激活旋转工具，指定旋转中心为圆心，对木桶模型进行旋转，如图6-20所示。

图 6-20

步骤 19 再复制木桶模型，旋转90°，使其竖立，完成本案例的操作，如图6-21所示。

图 6-21

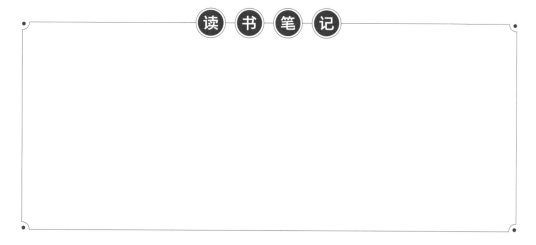

读 书 笔 记

6.1 SketchUp材质

SketchUp中提供了不同的工具来使用材质，可以应用、填充和替换材质，也可以从某一实体上提取材质。材质浏览器用于从材质库中选择材质，也可以组织和管理材质；材质编辑器用于调整和推敲材质的不同属性，调用外部图片编辑软件对SketchUp场景中的贴图进行编辑，再反馈到SketchUp中。

6.1.1 默认材质

在SketchUp中创建的物体，一开始就被自动赋予了系统默认材质。默认材质使用的是双面材质，一个表面的正反两面默认材质的显示颜色是不一样的，如图6-22所示。默认材质的两面性可以让人更容易分清楚表面的正反面朝向，方便在导出模型到其他建模软件时调整表面的法线方向。

执行"窗口"|"默认面板"|"样式"命令，在打开的"样式"面板中选择"编辑"选项板的"平面设置"，可以进行正反两面颜色参数的设置，如图6-23所示。

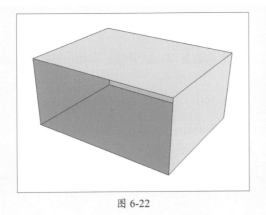

图 6-22

图 6-23

6.1.2 材质浏览器和材质编辑器

在SketchUp中，一般使用材质浏览器与材质编辑器工具来赋予或调整材质。打开材质浏览器的操作方法有两种：一种是单击工具栏中的"材质"按钮 ⊛ ，另一种就是执行"窗口"|"材质"命令，如图6-24所示。单击 ▼ 按钮，可以切换到其他类别的材质列表，如图6-25所示。材质浏览器的主要功能就是提供用户需要的材质。

单击"编辑"按钮，即可切换到材质编辑器，如图6-26所示。打开材质编辑器后，可以看到很多选项，其中包含材质名称、材质预览、拾色器、贴图坐标、不透明度等，具体介绍如下。

图 6-24

图 6-25

图 6-26

（1）材质名称

对材质的指代，使用中文、英文或阿拉伯数字都可以，方便认识即可。要注意的是，如果需要将模型导出到3ds Max或Artlantis等软件，则尽量不要使用中文的材质名称，以避免不必要的麻烦。

（2）材质预览

用于显示调整的材质效果。这是一个动态窗口，随着每一步的调整进行相应的改变。

（3）拾色器

用于调整材质贴图的颜色。在该功能区中，用户可进行以下四种操作。

- **还原颜色更改**：还原颜色到默认状态。
- **匹配模型中对象的颜色**：在保持贴图纹理不变的情况下，用模型中其他材质的颜色与当前材质混合。
- **匹配屏幕上的颜色**：在保持贴图纹理不变的情况下，用屏幕中的颜色与当前材质混合。
- **着色**：勾选后可以去除颜色与材质混合时产生的杂色。

在SketchUp中，用户可以选择四种颜色系统：色轮、HLS、HSB、RGB。用户可以从"拾色器"下拉列表框中选择其中任意一种系统。

- **色轮**：可从中选择任意一种颜色。同时，用户可以沿色轮拖曳光标，快速浏览不同的颜色。
- **HLS**：可用HLS吸取器从灰度级颜色中取色。使用灰度级颜色吸取器取色，能调节出不同的黑色。
- **HSB**：像色轮一样，HSB颜色吸取器可以从HSB中取色。HSB将会提供一个更加直观的颜色模型。

● **RGB**：RGB颜色吸取器可以从RGB中取色。RGB颜色是电脑屏幕上最传统的颜色，代表着最接近人类眼睛能看到的颜色。RGB有一个很宽的颜色范围，是SketchUp最有效的颜色吸取器。

（4）纹理

如果材质使用了外部贴图，在这里可以调整贴图的大小，即贴图横向及纵向的尺寸。在该功能区中，用户可进行以下几种操作。

● **调整大小**：通过调整长短数据来调整贴图在纵横方向上的大小。

● **重设大小**：单击纵横方向的图标，即可使贴图大小还原到默认的状态。

● **单独调整大小**：单击锁链图标，使其断开，即可单独调整纵横方向的大小。

● **浏览**：单击"浏览"按钮，从外部选择图片，替换当前模型中的材质纹理贴图。

● **在外部编辑器中编辑纹理图像**：打开默认的图片编辑软件，对当前模型中的贴图纹理进行编辑。

（5）不透明

用于制作透明材质，最常见的就是玻璃。当"不透明"数值为100时，材质没有透明效果；当"不透明"数值为0时，材质完全透明。

打开一个已赋予材质的模型，如图6-27所示，在材质编辑器中单击拾取按钮 ✐，在场景中拾取玻璃材质，如图6-28所示。

图 6-27

图 6-28

调整"不透明"值为70，如图6-29所示，可以看到场景中的玻璃台面发生了变化，如图6-30所示。

图 6-29

图 6-30

💬 **绘图技巧**

任何SketchUp的材质都可以通过材质编辑器设置透明度。

6.1.3 颜色的填充

利用Ctrl、Shift、Alt键，填充工具可以快速地给多个表面同时分配材质。这些快捷键可以加快设计方案的材质推敲过程。

1. 单个填充

填充工具会给单击的单个边线或表面赋予材质。如果用户先用选择工具选中多个物体，那就可以同时给所有选中的物体上色。

2. 邻接填充

填充一个表面时按住Ctrl键，则会同时填充与所选表面相邻并且使用相同材质的所有表面。

图6-31所示为多个群组模型。双击其中一个进入编辑模式，按住Ctrl键时鼠标指针的油漆桶图标会增加三个横向排列的红色点，对一个面进行填充，则该模型的所有面都会被填充，如图6-32所示。

如果用户先选中多个物体，那么邻接填充操作就会被限制在选集内。

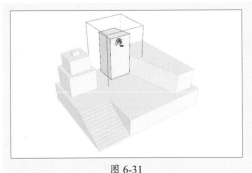

图 6-31

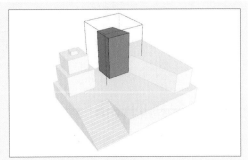

图 6-32

3. 替换材质

填充一个表面时按住Shift键，会用当前材质替换所选表面的材质，且模型中所有使用该材质的物体都会同时改变材质。

图6-33所示为两个模型使用相同材质。另选一种材质，按住Shift键时鼠标指针的油漆桶图标会增加三个直角排列的红色点，填充其中一个，则另一个模型的材质也会发生改变，如图6-34所示。

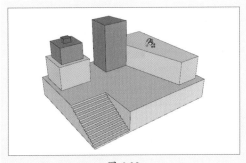

图 6-33

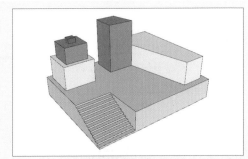

图 6-34

4. 邻接替换

填充一个表面的同时按住Ctrl+Shift键，就会实现上述两种组合效果。填充工具会替换所选表面的材质，但替换的对象限制在与所选表面有物理连接的几何体中。

如果用户先用选择工具选中多个物体，那么邻接替换操作会被限制在选集内。

5. 提取材质

激活材质工具，按住Alt键单击模型中的实体，就可以提取该实体的材质。所提取的材质会被设置为当前材质，然后用户就可以使用这个材质来进行填充了。

6. 给组或者组件上色

当用户给组或者组件上色时，是将材质赋予整个组或者组件，而不是内部的元素。组或组件中所有分配了默认材质的元素都会继承赋予组件的材质。而那些分配了特定材质元素的元素则会保留原来的材质不变。

6.2　贴图的应用

在材质编辑器中可以使用SketchUp自带的材质库。当然，材质库中只有一些基本贴图，在实际工作中，还需要用户自己手动添加材质，以满足实际需要。

6.2.1　贴图的使用与编辑

如果用户需要从外部获得纹理贴图，可以在材质编辑器的"编辑"选项板中勾选"使用纹理图像"复选框（或者单击"浏览"按钮），此时会弹出"选择图像"对话框用于选择贴图并导入，如图6-35所示。从外部获得的贴图应尽量控制大小，如有必要，可以使用压缩的图像格式来减小文件量，如JPEG或PNG格式。

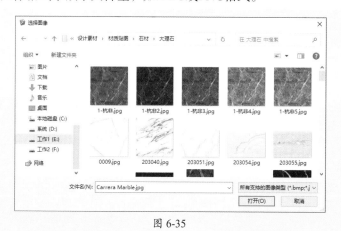

图 6-35

6.2.2　贴图坐标的调整

SketchUp的贴图是作为平铺对象应用的，不管表面是垂直的、水平的还是倾斜的，贴图都附着在表面，不受表面位置的影响。SketchUp的贴图坐标有两种模式，分为"固定图钉"模式和"自由图钉"模式。

1.　"固定图钉"模式

在物体的贴图上单击鼠标右键，在弹出的快捷菜单中选择"纹理"|"位置"命令，此时物体的贴图将会以透明方式显示，且在贴图上会出现四个彩色的图钉，如图6-36和图6-37所示。

- **蓝色图钉：**拖动该图钉可以调整纹理的非等比例缩放或角度，图6-38和图6-39所示为变形效果。
- **红色图钉：**拖动该图钉可以移动纹理，图6-40和图6-41所示为移动效果。
- **黄色图钉：**拖动该图钉可以扭曲纹理，单击可抬起图钉，图6-42和图6-43所示为扭曲效果。

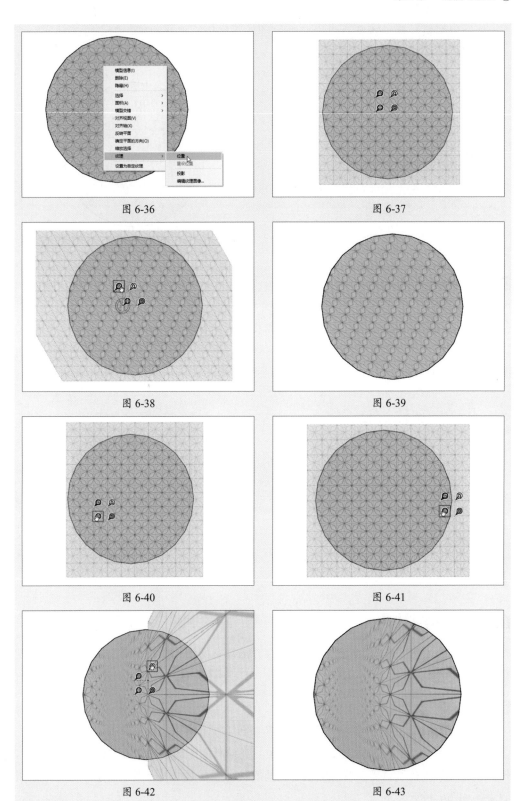

图 6-36

图 6-37

图 6-38

图 6-39

图 6-40

图 6-41

图 6-42

图 6-43

● **绿色图钉**：拖动该图钉可以调整纹理的等比例缩放或角度，单击可抬起图钉，图6-44和图6-45所示为缩放旋转效果。

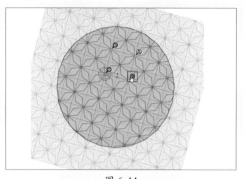 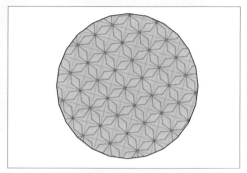

图 6-44   图 6-45

2. "自由图钉"模式

"自由图钉"模式适用于设置和消除照片的扭曲。在该模式下，图钉之间不受限制，可以将图钉拖动到任何位置。用户只需在贴图的右键菜单中取消勾选"固定图钉"选项，即可更改为"自由图钉"模式，此时四个彩色图钉都会变成相同的银色图钉，如图6-46和图6-47所示。

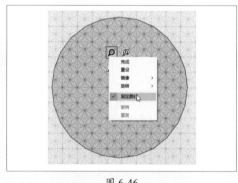 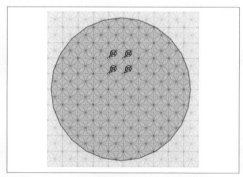

图 6-46   图 6-47

6.2.3 贴图技巧

本小节主要针对SketchUp贴图的技巧及方法进行详细介绍，主要包含转角贴图、投影贴图等。

1. 转角贴图

SketchUp的贴图可以包裹模型转角位置。创建一个模型，从"材质"面板中选择一个材质指定给模型对象的面，如图6-48所示。在"材质"面板中单击"样本颜料"拾取按钮，从视口中拾取材质，再依次赋予转角的各个面，即可制作出无缝连接的转角贴图效果，如图6-49所示。

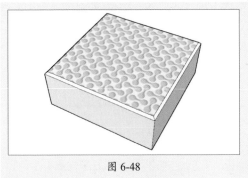

图 6-48

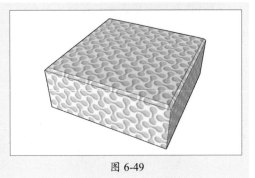

图 6-49

2. 投影贴图

利用SketchUp的贴图坐标可以投影贴图，就像将一个幻灯片用投影机投影一样。如果用户希望在模型上投影地形图像或者建筑图像，那么投影贴图就非常有用。任何曲面，不论是否被柔化，都可以使用投影贴图来实现无缝拼接。

下面结合材质贴图的知识，介绍花盆的制作。操作步骤如下。

步骤 01 创建一个半径为150mm、高度为15mm的圆柱体，如图6-50所示。

步骤 02 激活偏移工具，将圆柱体底面的边向内偏移15mm，如图6-51所示。

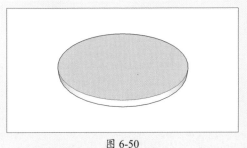

图 6-50

图 6-51

步骤 03 激活推拉工具，将下方的面推出140mm，如图6-52所示。

步骤 04 激活偏移工具，将上方边线向内偏移20mm，如图6-53所示。

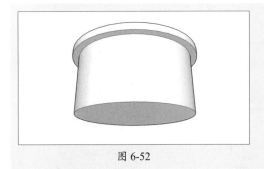

图 6-52

图 6-53

步骤 05 激活推拉工具，将内部的圆向下推出20mm，制作出花盆的边沿，如图6-54所示。

步骤 06 利用直线工具和弧形工具在模型底部绘制一个半径为20mm的扇面，如图6-55
所示。

图 6-54   图 6-55

步骤 07 激活路径跟随工具，按住扇面，令其绕底部边线走一周，制作出花盆的底座
造型，如图6-56所示。

步骤 08 激活偏移工具，将底部边线向内偏移105mm，如图6-57所示。

图 6-56   图 6-57

步骤 09 激活推拉工具，将内部的面向上推出5mm，制作出花盆底部出水口，如图6-58
所示。

步骤 10 激活材质工具，打开"材质"面板，选择"木屑树皮地被层"材质，并将其
赋予花盆内的地面，如图6-59和图6-60所示。

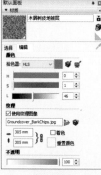

图 6-58   图 6-59   图 6-60

步骤 **11** 将准备好的贴图素材直接拖入SketchUp绘图区，调整位置和角度，使其垂直。单击鼠标右键，在弹出的快捷菜单中选择"炸开模型"命令，将对象炸开，再重新选择对象并创建成群组，如图6-61所示。

步骤 **12** 激活卷尺工具，测量花盆盆身的高度为140mm，如图6-62所示。

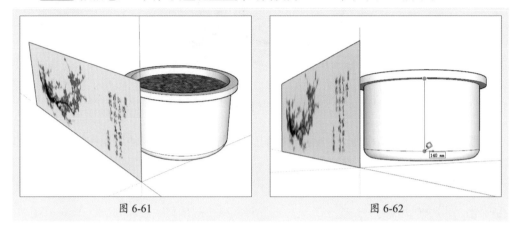

图 6-61　　　　　　　　　　　　　　　　图 6-62

步骤 **13** 双击贴图进入编辑模式，激活卷尺工具，测量贴图的高度，并在数值输入栏中输入新的高度140mm，按Enter键会弹出一个提示框，选择调整组件的大小，如图6-63所示。

步骤 **14** 单击"是"按钮即可等比例调整组件，如图6-64所示。

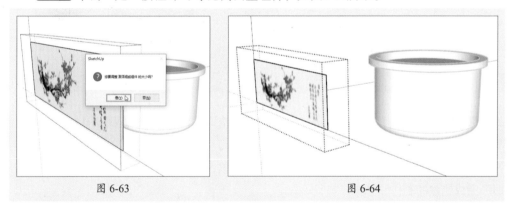

图 6-63　　　　　　　　　　　　　　　　图 6-64

步骤 **15** 调整贴图高度，使其对齐到花盆需要贴图的区域，如图6-65所示。

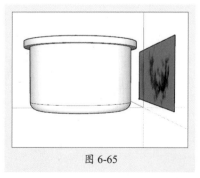

图 6-65

步骤 16 在"材质"面板中单击"样本颜料"拾取按钮，重新拾取贴图材质，再将材质指定给花盆盆身部分，可以看到当前的材质贴图效果，如图6-66所示。

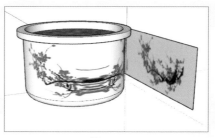

图 6-66

步骤 17 将贴图对象炸开，在贴图内部的面上单击鼠标右键，在弹出的快捷菜单中选择"纹理"|"投影"命令，如图6-67所示。

步骤 18 执行"视图"|"显示隐藏的几何体"命令，会显示场景中所有对象的隐藏几何体，如图6-68所示。

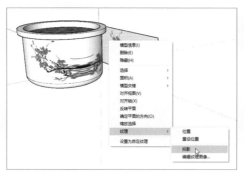

图 6-67

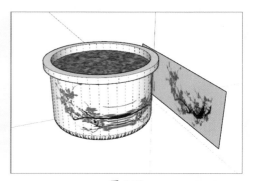

图 6-68

步骤 19 在"材质"面板中单击"样本颜料"拾取按钮，重新拾取贴图材质，逐个赋予花盆的几何体面，如图6-69所示。

步骤 20 取消显示隐藏的几何体，删除贴图对象，再添加花草模型到花盆中心位置，即可完成花盆的制作，如图6-70所示。

图 6-69

图 6-70

自己练

项目练习1：制作山地材质

操作要领 ①导入贴图素材，炸开后获取贴图材质。

②将材质赋予山地模型。

图纸展示 如图6-71所示。

图 6-71

项目练习2：制作花箱材质

操作要领 ①使用准备好的贴图创建木纹理材质和草叶材质。

②从材质库中找到草被材质，赋予模型。

图纸展示 如图6-72所示。

图 6-72

SketchUp

第7章

文件的
导入与导出

本章概述

　　SketchUp软件虽然是一款面向方案设计的软件，但是其与AutoCAD、3ds Max、Photoshop及Piranesi几个常用的图形图像软件也是可以相互协作的。本章就来介绍一下SketchUp的导入与导出功能。

要点难点

- AutoCAD文件的导入与导出 ★★☆
- 3DS文件的导入与导出 ★☆☆
- 二维图像文件的导入与导出 ★☆☆
- 剖切面的创建及导出 ★★☆

跟我学 制作居室轴测模型

学习目标 本案例将会导入一个AutoCAD平面图，结合前面章节所学的建模知识制作建筑墙体、门窗模型等。

案例路径 云盘 \ 实例文件 \ 第7章 \ 跟我学 \ 制作居室轴测模型

步骤 01 执行"文件"|"导入"命令，打开"导入"对话框，如图7-1所示。

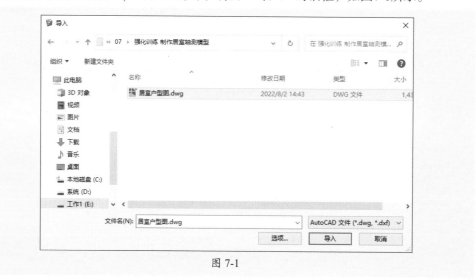

图 7-1

步骤 02 单击"选项"按钮，打开"导入AutoCAD DWG/DXF选项"对话框，勾选"合并共面平面"复选框和"平面方向一致"复选框，如图7-2所示。

步骤 03 单击"好"按钮关闭对话框，再单击"导入"按钮将CAD文件导入到SketchUp，导入完毕后系统会弹出提示框，如图7-3所示。

图 7-2

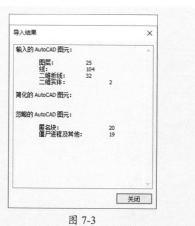

图 7-3

步骤 04 关闭提示框，即可看到导入的户型图，如图7-4所示。

步骤 05 执行"视图"|"边线类型"命令，在展开的级联菜单中取消勾选"轮廓线"，使户型图仅以边线显示，如图7-5所示。

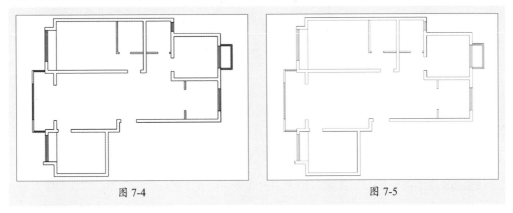

图 7-4 　　　　　　　　　　　　　　　图 7-5

步骤 06 选择平面对象，单击鼠标右键，在弹出的菜单中选择"炸开模型"命令，分解群组，图7-6所示。

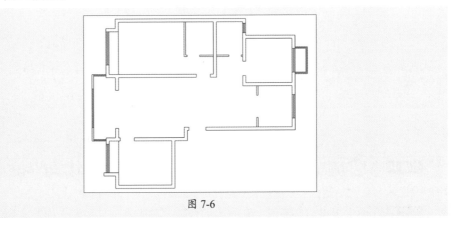

图 7-6

步骤 07 激活直线命令，捕捉墙体绘制直线，使墙体部分创建成面，如图7-7所示。

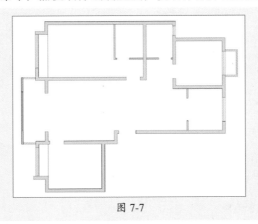

图 7-7

步骤 08 激活推拉工具，将墙体的面向上推出2700mm，如图7-8所示。

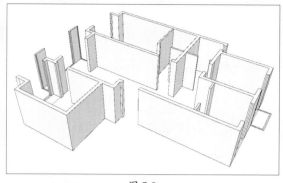

图 7-8

步骤 09 激活擦除工具，擦除多余无用的线条，如图7-9所示。

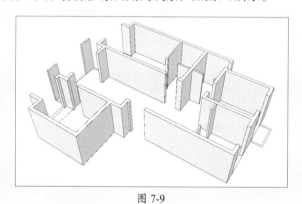

图 7-9

步骤 10 制作门洞窗洞。激活直线工具，选择一处窗户，描绘边线制作出面，如图7-10所示。

步骤 11 在面上单击鼠标右键，在弹出的快捷菜单中选择"反转平面"命令，将面反转成正面，如图7-11所示。

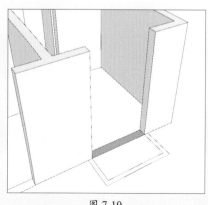

图 7-10

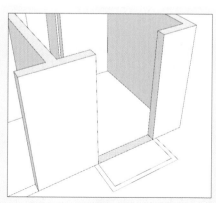

图 7-11

步骤 12 激活推拉工具，将面向上推出900mm，如图7-12所示。

步骤 13 选择边线，激活移动工具，按住Ctrl键向下复制边线，并输入数值200，按Enter键即可复制新的边线，如图7-13所示。

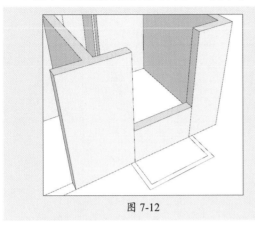
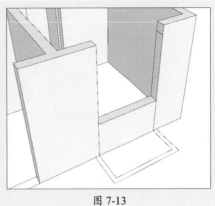

图 7-12   图 7-13

步骤 14 激活推拉工具，将墙体上方的面推拉到另一侧，制作出窗洞造型，如图7-14所示。

步骤 15 激活擦除工具，清除多余的线条，如图7-15所示。

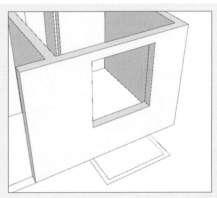

图 7-14   图 7-15

步骤 16 制作其他位置的窗洞，擦除多余的线条，如图7-16所示。

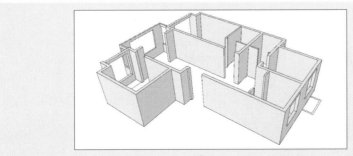

图 7-16

步骤 17 再制作门洞造型，如图7-17所示。

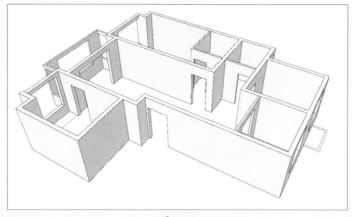

图 7-17

步骤 18 使用直线工具和推拉工具制作窗外的设备平台造型，如图7-18和图7-19所示。

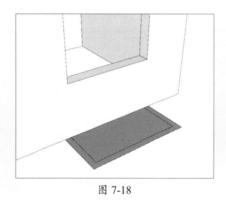
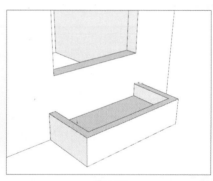

图 7-18　　　　　　　　　　　　　　　　图 7-19

步骤 19 制作底部。全选模型，将其创建成群组对象。再调整视角到模型底部，激活直线工具，捕捉角点绘制建筑底部，如图7-20所示。

步骤 20 激活推拉工具，将底部向下推出100mm，再将底部创建为群组，如图7-21所示。

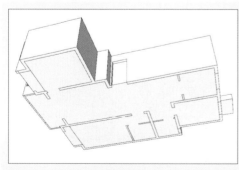
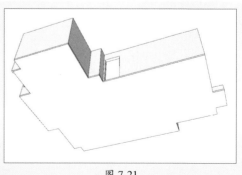

图 7-20　　　　　　　　　　　　　　　　图 7-21

步骤 21 制作窗扇。激活矩形工具，捕捉窗洞绘制一个矩形，如图7-22所示。

步骤 22 隐藏建筑墙体和底部模型，再激活推拉工具，将面推出80mm，如图7-23所示。

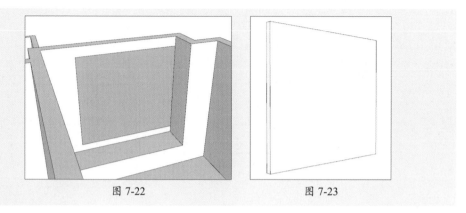

图 7-22   图 7-23

步骤 23 激活偏移工具，将边线向内偏移100mm，如图7-24所示。

步骤 24 利用移动工具复制边线，如图7-25所示。

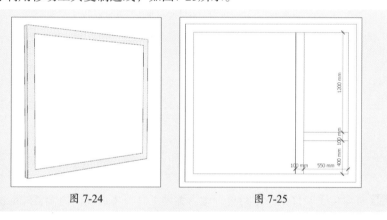

图 7-24   图 7-25

步骤 25 激活擦除工具，删除多余的线条，如图7-26所示。

步骤 26 激活推拉工具，推拉出厚度为80mm的窗框造型，如图7-27所示。

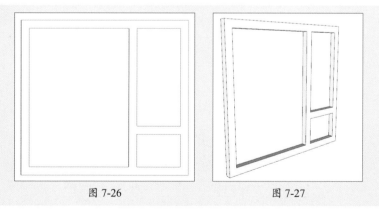

图 7-26   图 7-27

步骤27 将窗框对象创建成群组，再激活矩形工具，捕捉窗框绘制矩形，如图7-28所示。

步骤28 激活偏移工具，将矩形的边框分别向内、外各偏移30mm，如图7-29所示。

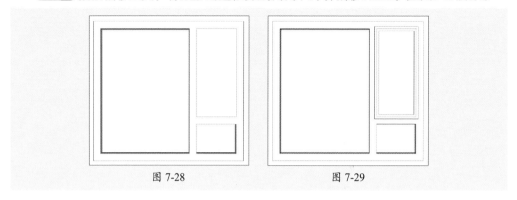

图 7-28　　　　　　　　　　　图 7-29

步骤29 删除中间的边线和最内侧的面，如图7-30所示。

步骤30 激活推拉工具，将窗框推出15mm，如图7-31所示。

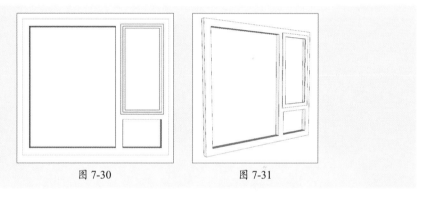

图 7-30　　　　　　　　　　　图 7-31

步骤31 将窗扇模型移出一定距离，激活偏移工具，将边线向内偏移32mm，如图7-32所示。

步骤32 再激活推拉工具，将内部的边线推出25mm，将窗扇对象创建成组，如图7-33所示。

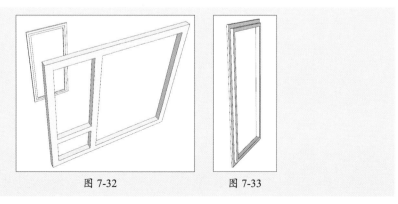

图 7-32　　　　　　　　　　　图 7-33

步骤 33 将窗扇移回原始位置, 取消隐藏建筑模型, 再调整窗框位置, 如图7-34所示。

步骤 34 再利用矩形工具和推拉工具制作玻璃模型, 即可完成一个房间的窗户模型, 如图7-35所示。

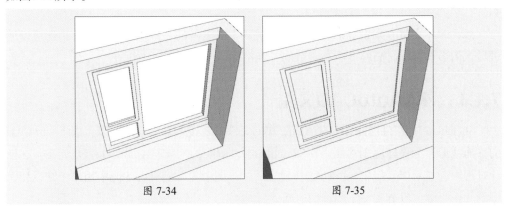

| 图 7-34 | 图 7-35 |

步骤 35 照此操作方法制作其他窗洞的窗户模型, 完成居室轴测模型的制作, 如图7-36 所示。

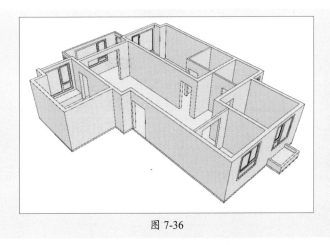

图 7-36

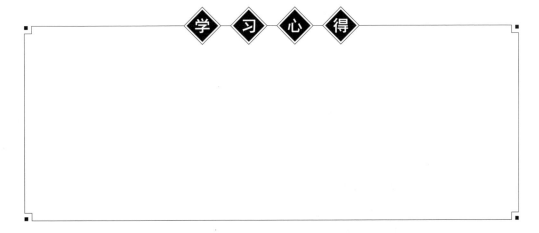

学 习 心 得

听 我 讲 ▶ Listen to me

7.1 SketchUp的导入功能

SketchUp支持方案设计的全过程，除了其本身具备的三维模型制作功能，还可以通过导入图形来制作出高精度、高细节的三维模型。

7.1.1 导入AutoCAD文件

SketchUp中带有良好的AutoCAD的DWG文件输入接口，设计师可以直接将AutoCAD的平面线形作为设计底图参照。在SketchUp中，画线的功能与AutoCAD相差无几，在设计过程中，如果能直接把AutoCAD所建立的二维图形导入到SketchUp中用作三维设计模型的底图，则可以节省一定的作图时间。

执行"文件"|"导入"命令，系统会弹出"导入"对话框，设置文件类型为"Auto-CAD文件"，再选择要导入的CAD文件即可，如图7-37所示。

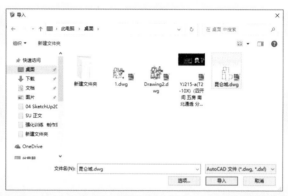

图 7-37

单击"导入"按钮，系统会弹出进度框，提示导入进度，如图7-38所示。导入完毕后则会弹出如图7-39所示的"导入结果"提示框，用于显示导入的AutoCAD图元数量。

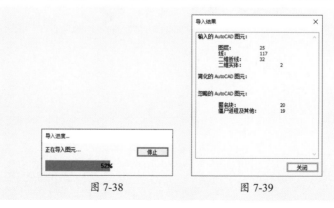

图 7-38　　　　　　　　图 7-39

单击"关闭"按钮关闭提示框，即可在视口中看到所导入的文件，如图7-40所示。执行"视图"|"边线类型"命令，在级联菜单中取消选中"轮廓线"选项，可看到几乎与AutoCAD无异的图形效果，如图7-41所示。

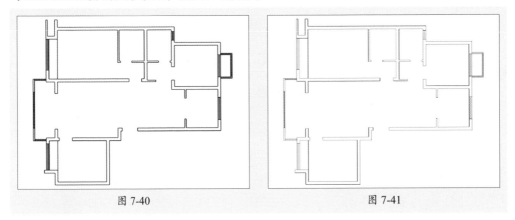

图 7-40   图 7-41

如果在导入文件前SketchUp中已经有了别的实体，那么所导入的图形将会自动合并为一个组，以免与已有图形混淆在一起。

导入CAD文件的方法非常简单，但是如果操作不当，很容易出现单位错误。单位错误的图形导入到SketchUp中是没有任何意义的。在导入文件之前单击"选项"按钮，会打开"导入AutoCAD DWG/DXF选项"对话框，在该对话框中可以设置"几何图形""位置""比例"等参数，如图7-42所示。

图 7-42

SketchUp目前支持的AutoCAD图形元素包含线、圆弧、多段线、面、有厚度的实体、三维面、嵌套图块等，还可以支持图层。但是实心体、区域、Splines、锥形宽度的多段线、XREFS、填充图案、尺寸标注、文字和ADT/ARX等物体，在导入时将会被忽略。另外，SketchUp只能识别平面面积超过0.0001平方单位的图形，如果导入的模型平面面积低于0.0001平方单位，将不能被导入。

7.1.2　导入3DS文件

3DS格式是基于DOS的3D Studio建模和动画应用程序的本机格式，它虽然在许多方面已经过时，但如今仍被广泛应用。SketchUp为3DS格式的文件提供了比较好的链接，但是导入之后，仍然需要进行一些细节的调整。

> **知识链接**
>
> 在导入3DS文件之前，用户需要检查该文件是否有需要导入的纹理。如果有，一定要确保纹理文件与3DS文件保存在同一文件夹中。

执行"文件" |"导入"命令，系统会弹出"导入"对话框，设置文件类型为"3DS文件"，再选择要导入的文件，如图7-43所示。单击"导入"按钮即可导入对象，导入完毕后系统会弹出提示框，显示导入的3DS图元类型和数量。

图 7-43

单击"选项"按钮，打开"3DS导入选项"对话框，如图7-44所示。可在该对话框中选择"合并共面平面"复选框，以及设置导入模型的单位。

图 7-44

下面介绍3DS模型文件的导入操作，以及在SketchUp中的优化，操作步骤如下。

步骤 01 执行"文件" |"导入"命令，打开"导入"对话框，选择准备好的3DS文件，如图7-45所示。

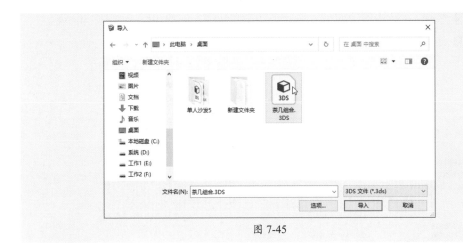

图 7-45

步骤 02 单击"导入"按钮即可开始将其图元导入到SketchUp。系统会弹出"导入进度"提示框，导入完毕后则会弹出"导入结果"提示框，如图7-46和图7-47所示。

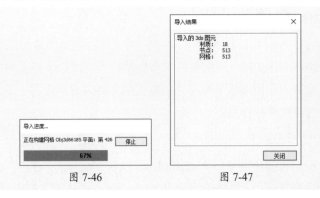

图 7-46   图 7-47

步骤 03 关闭提示框，在视口中指定一点作为3DS模型的插入点，切换到"单色显示"模式，模型效果如图7-48所示。

步骤 04 分解模型，对模型进行细节调整，统一正面方向，修补漏面。再全选模型，单击鼠标右键，在弹出的快捷菜单中选择"柔化/平滑边线"命令，如图7-49所示。

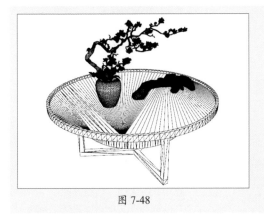

图 7-48

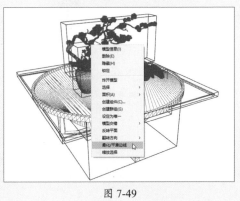

图 7-49

步骤 05 打开"柔化边线"面板，拖动滑块调整法线之间的角度，如图7-50所示。

步骤 06 调整后的显示效果如图7-51所示。

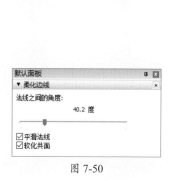

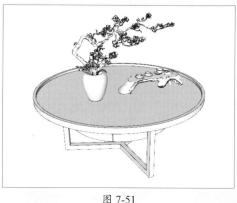

图 7-50   图 7-51

7.1.3　导入二维图像文件

图像对象允许导入图片，其支持JPG、PNG、TIF、TGA等常用二维图像文件的导入，且最好是PNG和JPG格式。图像对象本质上是一个以图像文件作表面的矩形面，能够移动、旋转与缩放，它们能水平与垂直放置，但不能做成非矩形。图像可以用来制作广告牌、招牌、地面纹理与背景。

1. 插入图像 ————————————————————————————————○

有两种方法可以将扫描图像导入SketchUp。执行"文件"|"导入"命令，弹出"导入"对话框，在该对话框中可以设置文件类型为"所有支持的图像类型"，还可以选择将图像用作"图像""纹理""新建照片匹配"，如图7-52所示。

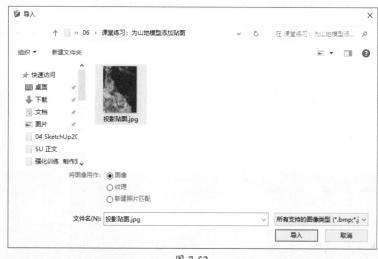

图 7-52

单击"导入"按钮，在视口中单击指定图像的第一点，移动光标再指定第二点作为图像的对角点，单击完成导入操作，随后即可根据导入的图片进行捕捉绘图或者材质获取。

此外，用户也可以从Windows资源管理器里直接拖放图像到SketchUp中。

2. 图像对象的关联命令 ────────────────────────────────────○

对图像对象的操作可以通过右键快捷菜单进行。关联命令包含实体信息、擦除、隐藏/不隐藏、炸开、输出、再装入、缩放、分离、阴影等。

7.2 SketchUp的导出功能

SketchUp可以导入AutoCAD文件、3DS文件、图像等，同样也可以将场景内的三维模型（包含单面对象）导出为各种格式，以方便在Auto CAD或3ds Max中打开并编辑。

7.2.1 导出AutoCAD文件

SketchUp可以将制作好的三维模型导出为DWG格式或DXF格式两种AutoCAD文件类型。执行"文件"|"导出"|"三维模型"命令，打开"输出模型"对话框，指定输出路径，再选择输出类型，单击"导出"按钮即可，如图7-53所示。

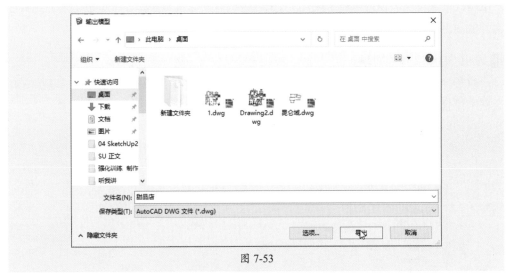

图 7-53

单击"选项"按钮，打开"DWG/DXF输出选项"对话框，在这里可以设置导出文件版本及其他导出选项，如图7-54所示。

图 7-54

　　在导出AutoCAD文件时，用户可以根据需要在"DWG/DXF输出选项"对话框中设置各项参数，如AutoCAD的版本及图像元素。

7.2.2　导出3DS文件

除了DWG文件格式外，SketchUp还可以导出3DS、OBJ、WRL、XSL等一些常用的三维格式的文件。因设计者较常使用3ds Max进行后期的渲染处理，本小节主要介绍3DS文件的导出操作。

❶ 导出 3DS 文件的方法

执行"文件"|"导出"|"三维模型"命令，打开"输出模型"对话框，可在该对话框中设置输出类型、输出路径等，如图7-55所示。

图 7-55

2. **设置"3DS 导出选项"对话框**

单击"选项"按钮会打开"3DS导出选项"对话框,在导出3DS文件之前,用户可以对导出参数进行设置,如图7-56所示。

图 7-56

该对话框中各项参数含义如下。

- **导出:** 可以在该下拉列表框中选择导出的3DS文件中组织网格的方式,包含Full hierarchy(完整层次)、By tag(按层)、By material(按材质)、Single object(单个对象)共四种方式。

- **仅导出当前选择的内容:** 勾选该复选框后,仅将SketchUp中当前选中的对象导出为3DS文件。

- **导出两边的平面:** 选中其下的"材质"选项,导出的多边形数量和单面导出的多边形数量一样,但是渲染速度会下降,特别是开启阴影和反射效果时,此外将无法使用SketchUp模型表面背面的材质;如果选中"几何图形"选项,结果就会相反,此时将会把SketchUp的面都导出两次,一次导出正面,另一次导出背面,导出的多边形数量增加一倍,同时会造成渲染速度下降。

- **导出独立的边线:** 大部分的三维程序都不支持独立边线的功能,3DS也是如此。勾选此复选框后,导出的3DS格式文件将创建非常细长的矩形来模拟边线,但是这样会造成贴图坐标出错,甚至整个3DS文件无效,因此,在默认情况下该选项是关闭的。

- **导出纹理映射:** 默认情况下该选项为勾选,这样在导出3DS文件时,其材质也会被同时导出。

- **从页面生成相机：** 默认该选项为勾选，这样导出的3DS文件中将以当前视图创建摄影机。
- **比例：** 通过其下的选项，可以指定导出模型使用的测量单位。默认设置为模型单位，即SketchUp当前的单位。

3. **3DS 格式文件导出的局限性**

SketchUp为推敲方案而设计，因此其自身特性必然有区别于其他三维软件的地方，在导出3DS文件后，会丢失一些信息。另外，3DS格式是一种开发较早的文件格式，其本身即存在局限性（如不能保存贴图等），下面介绍一些需要注意的内容。

（1）物体顶点限制

3DS格式的单个模型最多为64 000个顶点与64 000个面，如果导出的SketchUp模型超出了这个限制，导出的文件就可能无法在其他三维软件中导入，同时SketchUp自身也会自动监视并进行提示。

（2）嵌套的组或组件

SketchUp不能导出多层次组件的层级关系到3DS文件中，组中的嵌套会被打散，并附属于最高层级的组。

（3）双面的表面

在大多数的三维软件中，默认只有表面的正面可见，这样可以提高渲染效率。而SketchUp中的两个面都可见，如果导出的模型没有统一法线，导出到别的应用程序中后就可能出现丢失表面的现象。用户可以使用"翻转法线"命令对表面进行手工复位，或者使用"统一相邻表面"命令将所有相邻表面的法线方向统一，修正多个表面法线的问题。

（4）双面贴图

在SketchUp中，模型的表面会有正反两个面，但是在3DS文件中只有正面的UV贴图可以导出。

（5）图层分类

要确保SketchUp中没有图层分类。3DS格式不支持图层，任何图层中的内容不会显示在3DS文件中。如果需要导出图层，导出格式选择DWG更为妥当。

7.2.3 导出二维图像文件

SketchUp可以导出的二维图像文件格式有很多，如JPG、BMP、TGA、TIF、PNG等。执行"文件"|"导出"|"二维图形"命令，会打开"输出二维图形"对话框，可在这里设置输出路径、输出类型及输出名称，如图7-57所示。

单击"选项"按钮，会打开"输出选项"对话框，在这里可以设置图像大小、渲染质量等参数，如图7-58所示。

图 7-57　　　　　　　　　　　　　　　　　　图 7-58

7.3　截面工具

为了准确表达建筑物内部结构关系与交通组织关系，通常需要绘制平面布局及立面剖切图，如图7-59和图7-60所示。

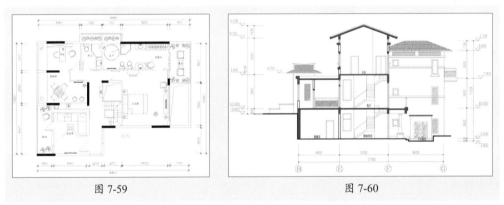

图 7-59　　　　　　　　　　　　　　　　　图 7-60

而在SketchUp中，利用"截面"工具可以快速获得当前场景模型的平面布局图与立面剖切图效果，如图7-61所示。

图 7-61

7.3.1　创建剖切面

在SketchUp中，"剖切"这个常用的表达手法不但容易操作，而且可以动态地调整剖切面，生成任意的剖切方案图。

在"截面"工具栏中激活剖切面工具，在场景中合适位置单击，会弹出"命名剖切面"对话框，用户可以输入新的名称和符号，也可以选择"不再显示此内容。我将使用默认名称和符号"复选框，如图7-62和图7-63所示。

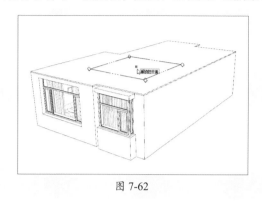

| 图 7-62 | 图 7-63 |

单击"好"按钮即可创建剖切面，如图7-64所示。如果创建的剖切面位置不合适，还可以选择剖切符号并沿Z轴上下移动调整位置，如图7-65所示。

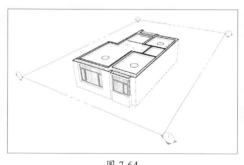

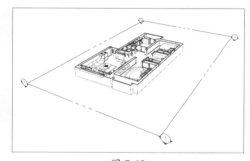

| 图 7-64 | 图 7-65 |

切换到俯视图，执行"相机"|"平行投影"命令，可以看到如图7-66所示的剖切面投影视图。

除了可以移动剖切面外，用户还可以使用旋转工具旋转剖切面，从而得到不同的剖切效果，如图7-67所示。

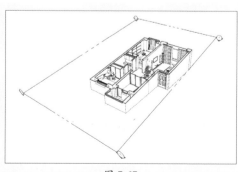

| 图 7-66 | 图 7-67 |

知识链接

剖切面确定好之后，除了可以在SketchUp中直接观看外，还可以切换至顶视图，选择平行投影，并导出为对应的DWG文件。

7.3.2 剖切面常用操作与功能

在SketchUp中，剖面图的绘制、调整和显示都很方便，可以很轻松地完成需要的剖面图。设计师可以根据方案中垂直方向的结构、交通和构件等去选择剖面图，而不是去绘制剖面图。

1. 剖切面的隐藏与显示

创建剖切面并调整好剖切位置后，单击"截面"工具栏中的"显示/隐藏剖切面"工具 🔹，即可显示/隐藏剖切效果，如图7-68和图7-69所示。

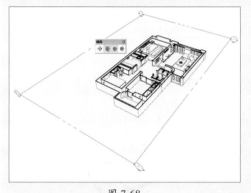

图 7-68

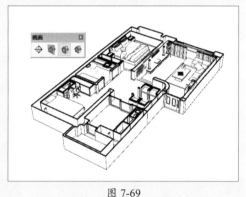

图 7-69

此外，用户选择剖切面，当剖切面边框变成蓝色时，单击鼠标右键，在快捷菜单中选择"隐藏"选项，同样可以隐藏剖切面，如图7-70所示。

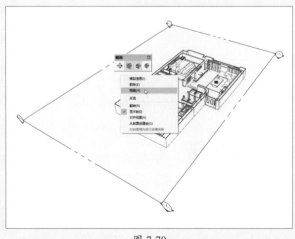

图 7-70

②. 翻转剖切面

在剖切面上单击鼠标右键，在弹出的快捷菜单中选择"翻转"命令，即可将剖切面反向剖切，如图7-71和图7-72所示。

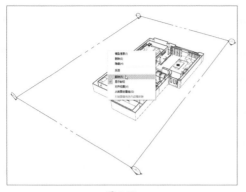

图 7-71

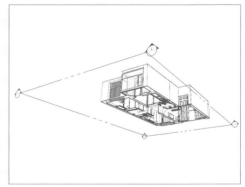

图 7-72

③. 剖面切割和剖面填充

在"截面"工具栏中取消激活显示剖面切割工具，就会显示被切割掉的部分，如图7-73所示。激活显示剖面填充工具，则会在剖切面处显示填充效果，如图7-74所示。

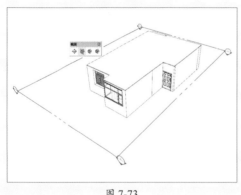

图 7-73

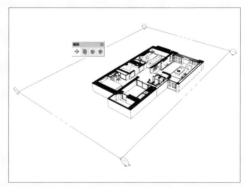

图 7-74

④. 从切口创建群组

在剖切面上单击鼠标右键，在快捷菜单中选择"从剖面创建组"命令，即可在剖切位置产生单独剖切线效果，并能进行移动、缩放等操作。

7.3.3　导出二维剖切文件

对于创建的剖切面，用户可以选择将其导出为AutoCAD可用的DWG格式文件，从而进一步在AutoCAD中加工成施工图。

创建剖切面后，执行"文件"|"导出"|"剖面"命令，打开"输出二维剖面"对话框，设置输出路径及名称，单击"导出"按钮即可将剖面图导出，如图7-75所示。

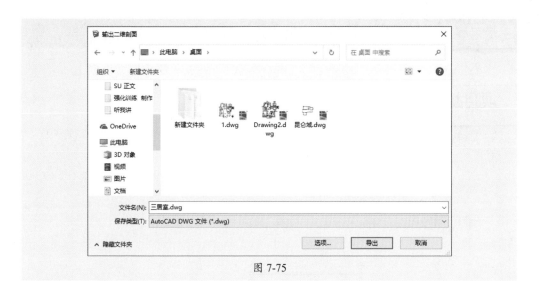

图 7-75

　　　　　　导出二维剖面文件时，无须在SketchUp中切换视口，无论在何种视角，
SketchUp只会将剖切面以俯视的平面效果导出。

　　单击"选项"按钮，会打开"DWG/DXF输出选项"对话框，在这里可以根据需要
设置AutoCAD版本号、图纸比例等参数，如图7-76所示。

图 7-76

学　习　心　得

自己练

项目练习1：导入建筑立面图

操作要领 ①执行"文件"｜"导入"命令，打开"导入"对话框，设置导入文件格式并选择准备好的CAD文件。

②单击"选项"按钮，打开"导入AutoCAD DWG/DXF选项"对话框，设置图形参数。

图纸展示 如图7-77所示。

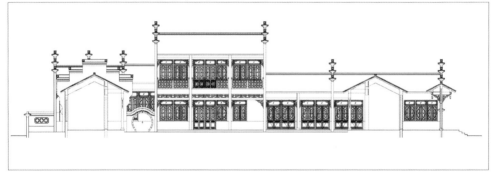

图 7-77

项目练习2：导出二维图像

操作要领 ①使用相机定位工具和漫游工具找到合适的视角。

②执行"文件"｜"导出"｜"二维图形"命令，打开"输出二维图形"对话框，指定输出路径、文件名、保存类型。

图纸展示 如图7-78所示。

图 7-78

SketchUp

第 **8** 章

小型别墅
效果表现

　　本章将介绍一个小型别墅模型及效果的制作，包含别墅模型的创建以及场景环境的完善等。通过本章的学习，可掌握各种建模技巧以及场景气氛的营造。

- 别墅模型的创建 ★★★
- 休闲区模型的创建 ★★★
- 场景材质的应用 ★☆☆
- 室外环境布置与阴影设置 ★☆☆

小型别墅效果图

8.1 制作别墅模型 //

首先来制作别墅模型。案例中的建筑属于小型的别墅户型，造型简单，其重点在于制作屋顶、门窗以及台阶造型。

8.1.1 制作建筑主体

首先制作别墅的建筑主体模型，包含建筑墙体造型、门窗洞、屋檐等对象，操作步骤如下。

步骤 01 激活矩形工具，在俯视图中绘制一个尺寸为10000mm×8500mm的矩形，如图8-1所示。

步骤 02 激活推拉工具，将矩形向上推出7500mm的高度，制作出长方体，如图8-2所示。

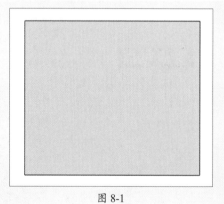

图 8-1   图 8-2

步骤 03 切换到前视图，选择边线，激活移动工具，按住Ctrl键复制边线，移动尺寸如图8-3所示。

步骤 04 激活直线工具，绘制屋顶轮廓的斜线，如图8-4所示。

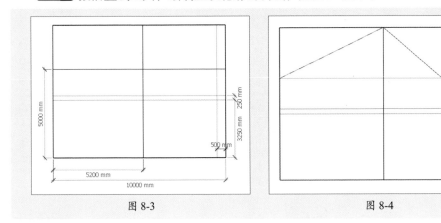

图 8-3   图 8-4

步骤 05 激活擦除工具，删除多余的线条，如图8-5所示。

步骤 06 再激活推拉工具，推拉面制作出屋顶的造型，如图8-6所示。

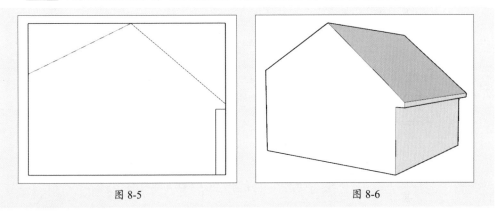

图 8-5   图 8-6

步骤 07 利用矩形工具和推拉工具制作如图8-7所示的长方体。

步骤 08 将长方体和建筑模型分别创建为群组，并将长方体对齐到建筑实体的一角，如图8-8所示。

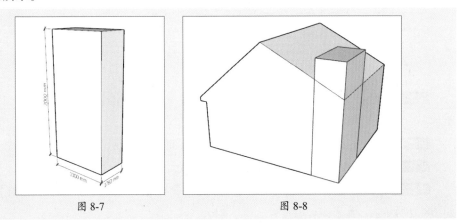

图 8-7   图 8-8

步骤 09 激活减去工具，先选择长方体，再选择建筑实体，即可将长方体从建筑实体中减去，如图8-9所示。

步骤 10 制作窗户。切换到前视图，双击实体进入编辑模式，按住Ctrl键使用移动工具复制边线，如图8-10所示。

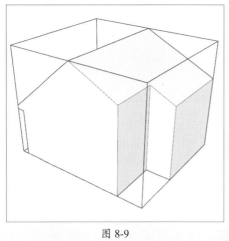

图 8-9

图 8-10

步骤 11 激活擦除工具，删除多余的线条，制作出窗户轮廓，如图8-11所示。

步骤 12 切换到左视图，利用移动工具复制边线，如图8-12所示。

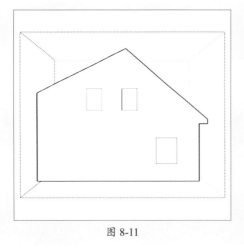

图 8-11

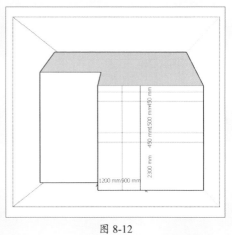

图 8-12

步骤 13 再激活擦除工具，删除多余的线条，制作一侧墙体的窗户轮廓，如图8-13所示。

步骤 14 照此方法再制作其他墙面上的窗户，如图8-14所示。

步骤 15 删除顶部斜坡的两个面，如图8-15所示。

步骤 16 制作屋顶。激活直线工具，沿屋顶一侧轮廓绘制宽度为200mm的屋檐截面，如图8-16所示。

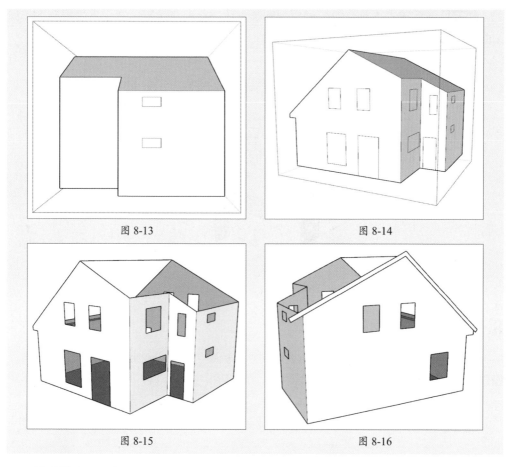

图 8-13

图 8-14

图 8-15

图 8-16

步骤 17 激活推拉工具，推拉出屋檐造型，建筑两端各自伸出600mm，再将屋檐模型创建成群组，如图8-17所示。

步骤 18 利用直线工具和推拉工具制作一个尺寸为4000mm×2400mm×6500mm的长方体，将其创建成群组，并调整位置，如图8-18所示。

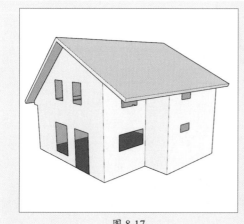

图 8-17

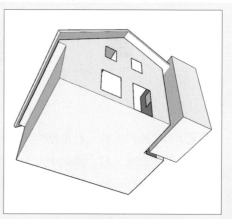

图 8-18

步骤 **19** 激活减去工具，对屋檐模型和长方体进行差集运算，制作出屋檐造型，如图8-19所示。

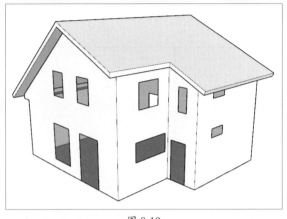

图 8-19

8.1.2　制作门窗模型

本小节介绍门窗模型的制作，需要应用到"矩形""移动""偏移""推拉"等工具，操作步骤介绍如下。

步骤 **01** 制作推拉门模型。激活矩形工具，捕捉门洞绘制一个矩形，如图8-20所示。

步骤 **02** 激活偏移工具，将边框向内偏移30mm，如图8-21所示。

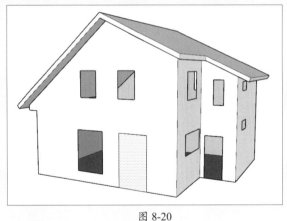

图 8-20

图 8-21

步骤 **03** 激活推拉工具，将边框推出30mm，如图8-22所示。

步骤 **04** 激活直线工具，捕捉中点绘制直线，如图8-23所示。

步骤 **05** 激活偏移工具，将边线向内偏移50mm，如图8-24所示。

步骤 **06** 激活推拉工具，将左侧门框向外推出20mm，再将右侧内部的面向内推出20mm，制作出推拉门造型，如图8-25所示。

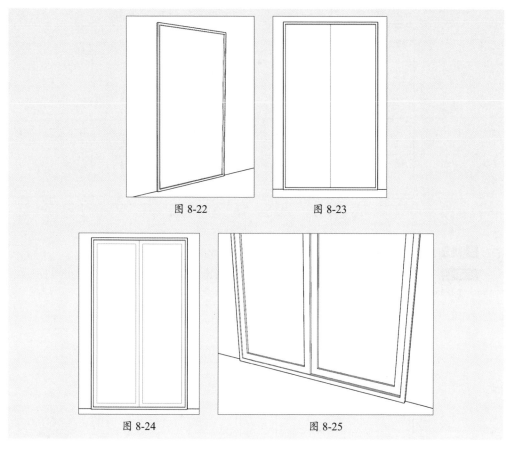

图 8-22 　　　　　　　　图 8-23

图 8-24 　　　　　　　　图 8-25

步骤 **07** 制作窗户模型。选择一个窗洞，激活矩形工具，捕捉窗洞绘制矩形，如图8-26所示。

步骤 **08** 激活偏移工具，将边线向内偏移30mm，如图8-27所示。

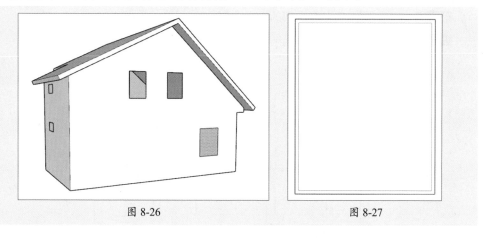

图 8-26 　　　　　　　　图 8-27

步骤 **09** 激活直线工具，绘制两端直线分割窗框，如图8-28所示。

步骤 **10** 激活推拉工具，推出80mm的窗台和30mm的窗户外框，如图8-29所示。

图 8-28

图 8-29

步骤 11 再利用偏移工具将内部的边线向内偏移50mm，如图8-30所示。

步骤 12 选择内部边线，激活移动工具，按住Ctrl键移动并复制边线，如图8-31所示。

图 8-30

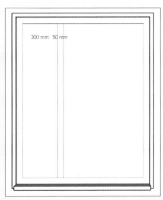
图 8-31

步骤 13 激活推拉工具，将内部的面向内侧推出20mm，如图8-32所示。

步骤 14 激活偏移工具，将右侧的一圈边线向内偏移50mm，如图8-33所示。

图 8-32

图 8-33

步骤15 再激活推拉工具，将面向内部推出20mm，制作出窗户模型，如图8-34所示。

步骤16 选择拐角处的一个窗洞，激活矩形工具，绘制矩形，如图8-35所示。

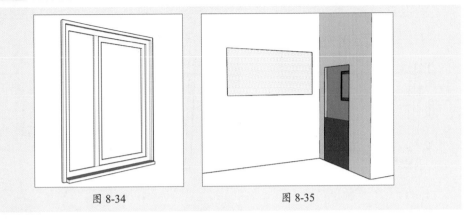

图 8-34   图 8-35

步骤17 按照前面的操作方法制作出窗户外框，如图8-36所示。

步骤18 选择内部的横向边线，单击鼠标右键，在弹出的菜单中选择"拆分"命令，然后移动光标，将边线分为3段，如图8-37所示。

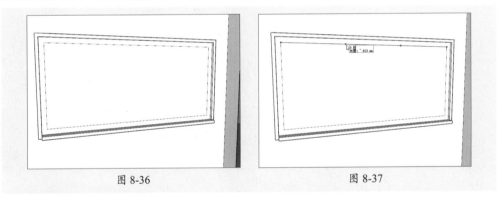

图 8-36   图 8-37

步骤19 激活直线工具，捕捉拆分点绘制竖向直线，如图8-38所示。

步骤20 选择竖向直线，激活移动工具，按住Ctrl键向外移动复制，移动距离为50mm，如图8-39所示。

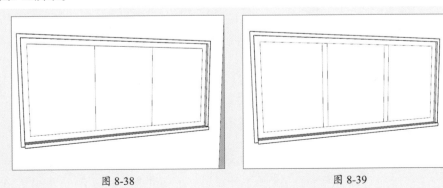

图 8-38   图 8-39

步骤 21 激活推拉工具，将面向内部推出20mm，如图8-40所示。

步骤 22 再激活偏移工具，选择中间的边线向内偏移50mm，如图8-41所示。

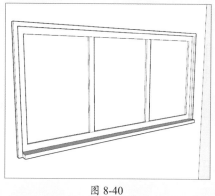

图 8-40

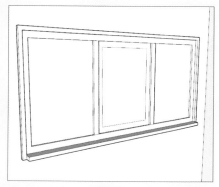

图 8-41

步骤 23 利用推拉工具将面推出20mm，制作出另外一种窗户造型，如图8-42所示。

步骤 24 按照前面的操作方法制作建筑中其他窗户的模型，如图8-43所示。

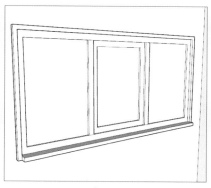

图 8-42

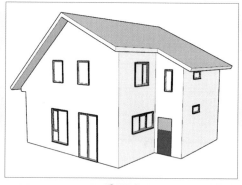

图 8-43

步骤 25 最后制作入户门模型。激活矩形工具，捕捉门洞绘制矩形，如图8-44所示。

步骤 26 激活偏移工具，将边线向内偏移30mm，如图8-45所示。

图 8-44

图 8-45

步骤27 激活直线工具，绘制两侧的延长线，再删除底部的边线，制作出U形框，如图8-46所示。

步骤28 激活推拉工具，将面向内推出50mm，如图8-47所示。

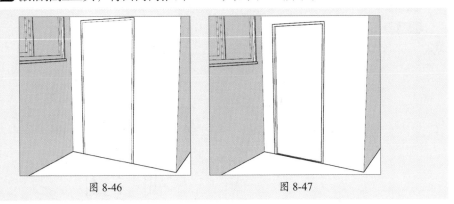

图 8-46   图 8-47

步骤29 激活偏移工具，将内部的一圈边线偏移100mm，如图8-48所示。

步骤30 激活推拉工具，将内部的面向内推出20mm，如图8-49所示。

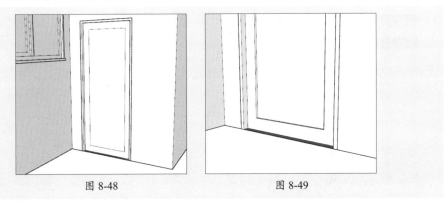

图 8-48   图 8-49

步骤31 继续向内偏移边线，偏移距离为60mm。激活直线工具，绘制四条角线，如图8-50所示。

步骤32 选择最内侧的面，沿轴向外移动20mm，完成入户门的制作，如图8-51所示。

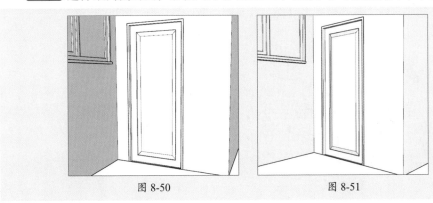

图 8-50   图 8-51

8.1.3　制作台阶

本小节需要为建模模型制作入户门前的台阶和缓坡造型，操作步骤如下。

步骤 01 激活矩形工具，捕捉建筑底部绘制矩形，如图8-52所示。

步骤 02 再激活推拉工具，将底部的面向下推出600mm，制作出地台厚度，如图8-53所示。

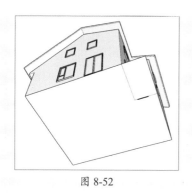
图 8-52

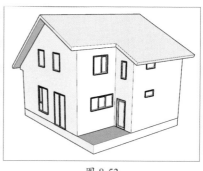
图 8-53

步骤 03 使用直线工具和推拉工具制作出一个长度为800mm的缺口，如图8-54所示。

步骤 04 激活直线工具，沿着边线绘制一个长度为3500mm的三角形，如图8-55所示。

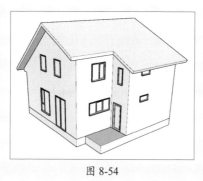
图 8-54

图 8-55

步骤 05 激活推拉工具，将三角面推出，制作出斜坡造型，如图8-56所示。

步骤 06 利用直线工具和移动工具绘制并复制边线，如图8-57所示。

图 8-56

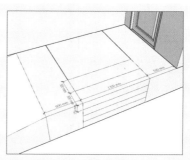
图 8-57

步骤 07 激活推拉工具，推拉出台阶造型，如图8-58所示。

步骤 08 删除多余的线条，完成台阶造型的制作，如图8-59所示。

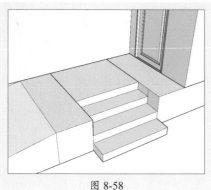

图 8-58　　　　　　　　　　　　　　　图 8-59

8.2　制作休闲区

本节在建筑外部制作一个休闲区，在入户门处制作一个遮雨棚，主要采用木结构和玻璃顶结构。

8.2.1　制作休闲区主支架

本小节先制作休闲区的木结构框架，包含地台、支架、梁等对象。操作步骤如下。

步骤 01 激活矩形工具，在建筑外侧捕捉绘制尺寸为7740mm×6000mm的矩形，如图8-60所示。

步骤 02 激活推拉工具，将矩形向上推拉300mm，接着将长方体创建群组，如图8-61所示。

图 8-60　　　　　　　　　　　　　　　图 8-61

步骤 03 再利用矩形工具和推拉工具制作尺寸为200mm×200mm×4800mm的长方体，并创建成群组，如图8-62所示。

步骤 04 创建尺寸为200mm×200mm×5800mm的长方体，复制并对齐实体，如图8-63所示。

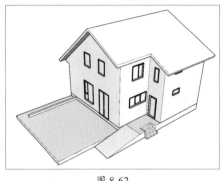

图 8-62

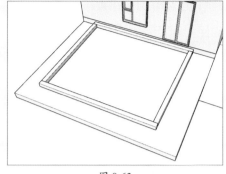

图 8-63

步骤 05 创建尺寸为100mm×50mm×5000mm的长方体，进行复制后作为地面龙骨架，如图8-64所示。

步骤 06 制作长度为2500mm的拐角区域，如图8-65所示。

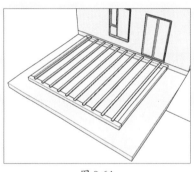

图 8-64

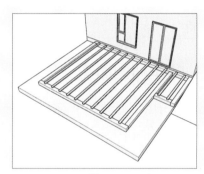

图 8-65

步骤 07 创建尺寸为200mm×200mm×2800mm的长方体立柱，创建成群组并进行复制，如图8-66所示。

步骤 08 复制立柱，使用推拉工具调整高度为2400mm，如图8-67所示。

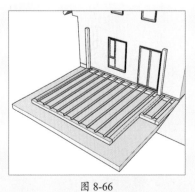

图 8-66

图 8-67

步骤 09 激活直线工具，在地台上捕捉绘制一个平面，如图8-68所示。

步骤 10 激活推拉工具，将面向上推出50mm的厚度，创建成群组，再调整其位置到栅格上方作为地板，如图8-69所示。

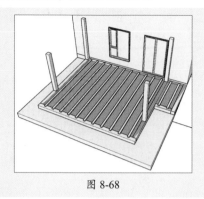

图 8-68

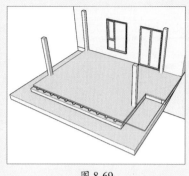

图 8-69

步骤 11 双击地板进入编辑模式，激活直线工具，在与主体相交的位置绘制直线并分别向两侧移动5mm，如图8-70所示。

步骤 12 激活推拉工具，推拉出一个205mm深的凹槽，如图8-71所示。

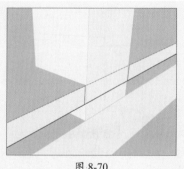

图 8-70

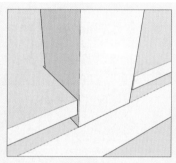

图 8-71

步骤 13 用相同方法再制作其他三个立柱位置的凹槽，如图8-72所示。

步骤 14 创建尺寸为400mm×200mm×6500mm的长方体作为横梁，调整高度与立柱交叉于80mm的高度，如图8-73所示。

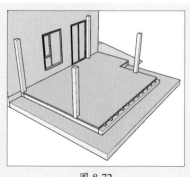

图 8-72

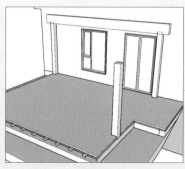

图 8-73

步骤 15 在立柱和横梁交叉处制作凹槽，如图8-74所示。

步骤 16 复制横梁到另一处立柱上，如图8-75所示。

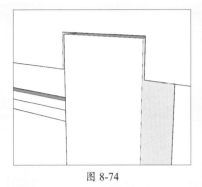
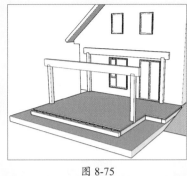

| 图 8-74 | 图 8-75 |

步骤 17 制作尺寸为50mm×200mm×5800mm的长方体并置于横梁上方，如图8-76所示。

步骤 18 激活旋转工具，将长方体旋转6.3°，再向下移动与横梁相交，如图8-77所示。

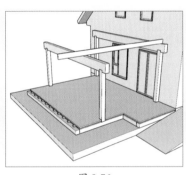
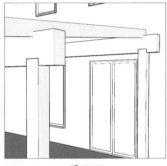

| 图 8-76 | 图 8-77 |

步骤 19 双击横梁进入编辑模式，在交叉位置制作凹槽，如图8-78所示。

步骤 20 复制斜梁，并为横梁制作凹槽，如图8-79所示。

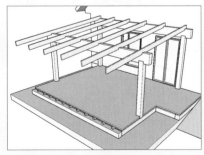

| 图 8-78 | 图 8-79 |

步骤 21 创建尺寸为50mm×150mm×2700mm的长方体，并移动到斜梁一侧，如图8-80所示。

步骤 22 选择长方体,激活旋转工具,以左下角为基点向右旋转7°,如图8-81所示。

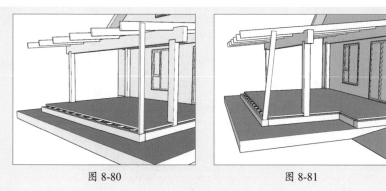

| 图 8-80 | 图 8-81 |

步骤 23 用相同方法制作另一侧的支架并进行旋转,如图8-82所示。

步骤 24 创建尺寸为50mm×150mm×150mm的长方体,并置于两个支架之间,如图8-83所示。

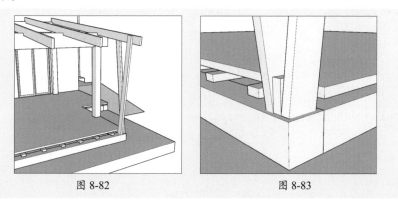

| 图 8-82 | 图 8-83 |

步骤 25 使用圆形工具和推拉工具创建一个半径为20mm、高度为6mm的圆柱体,如图8-84所示。

步骤 26 激活偏移工具,将圆向内偏移10mm。再激活推拉工具,将内部的圆推出36mm,制作出螺丝模型,如图8-85所示。

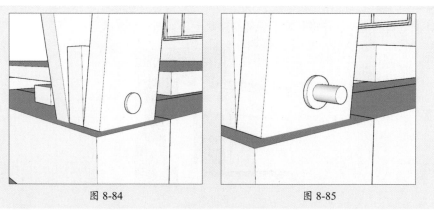

| 图 8-84 | 图 8-85 |

步骤 27 将对象创建群组，并镜像复制到另一侧，再向上方复制螺丝模型，如图8-86和图8-87所示。

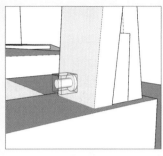
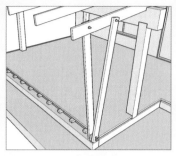

图 8-86　　　　　　　　　　　图 8-87

步骤 28 选择支架及螺丝模型并复制到每一根斜梁上，如图8-88所示。

步骤 29 创建尺寸为100mm×200mm×3400mm的长方体作为支架连接结构，创建成群组并复制到另一侧，其距地尺寸为2200mm，如图8-89所示。

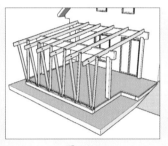
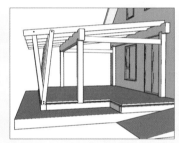

图 8-88　　　　　　　　　　　图 8-89

8.2.2　制作龙骨及顶棚

框架制作完毕后，需要制作顶棚并为其制作垫层。垫层由等距的龙骨铺垫而成，需要创建长方体，并进行旋转、复制等操作。操作步骤介绍如下。

步骤 01 创建尺寸为50mm×100mm×6300mm的长方体，并将其创建成群组。激活旋转工具，旋转6.3°，并将其置于顶部斜梁之上，如图8-90所示。

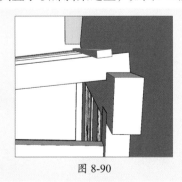

图 8-90

步骤 02 激活移动工具，按住Ctrl键复制对象，移动距离为600mm，如图8-91所示。

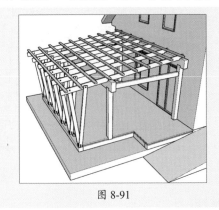

图 8-91

步骤 03 激活矩形工具，绘制尺寸为6000mm×6500mm的矩形，如图8-92所示。

步骤 04 选择边线，激活移动工具，按住Ctrl键进行移动复制，间距按照15mm和25mm进行排列，如图8-93所示。

图 8-92

图 8-93

步骤 05 按住Ctrl键双击，加选如图8-94所示的面和边线。

步骤 06 激活移动工具，沿Z轴向上移动15mm，制作出顶棚轮廓造型，如图8-95所示。

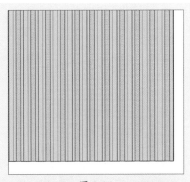

图 8-94

图 8-95

步骤 07 将顶棚对象创建成群组，旋转6.3°，并对齐到休闲区顶部，如图8-96所示。

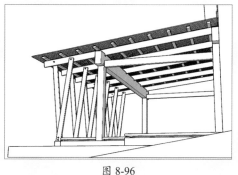

图 8-96

8.2.3 制作立面花架

当前的休闲区框架并没有墙体，本小节将会制作立面的栅格花架造型，用于充当墙体。操作步骤介绍如下。

步骤 01 创建尺寸为50mm×200mm×2300mm的长方体，调整位置，距离右侧立柱间距为1200mm，如图8-97所示。

步骤 02 创建尺寸为70mm×50mm×2560mm的长方体，如图8-98所示。

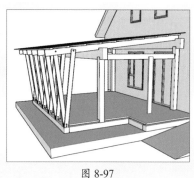

图 8-97

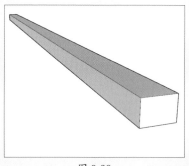

图 8-98

步骤 03 选择一侧的面，沿Z轴向上移动30mm，如图8-99所示。

步骤 04 将对象创建成群组，移动到立柱位置并进行复制，如图8-100所示。

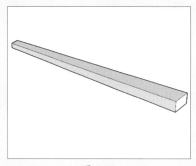

图 8-99

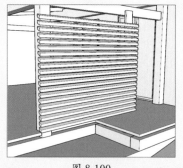

图 8-100

步骤 05 创建尺寸为70mm×50mm×3880mm的长方体，按照上述操作步骤，布置到另一侧，如图8-101所示。

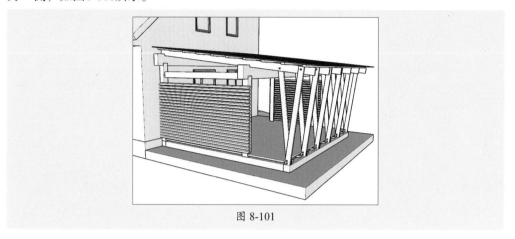

图 8-101

8.2.4 制作台阶和花池

本小节主要介绍休闲区台阶和花池的制作，操作步骤如下。

步骤 01 双击地台进入编辑模式，激活直线工具，捕捉上层地台绘制花池轮廓，再复制边线，如图8-102所示。

步骤 02 复制边线并擦除多余的线条，制作100mm宽的轮廓，如图8-103所示。

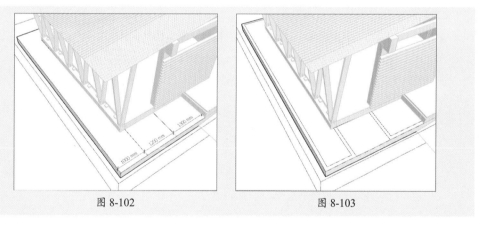

图 8-102   图 8-103

步骤 03 激活推拉工具，推拉出50mm的牙石高度以及要制作台阶的区域，如图8-104所示。

步骤 04 退出编辑模式。创建尺寸为50mm×100mm×1200mm的长方体，如图8-105所示。

步骤 05 再创建尺寸为450mm×50mm×1200mm的长方体，将两个长方体组合成一节台阶，如图8-106所示。

步骤 06 复制台阶模型，如图8-107所示。

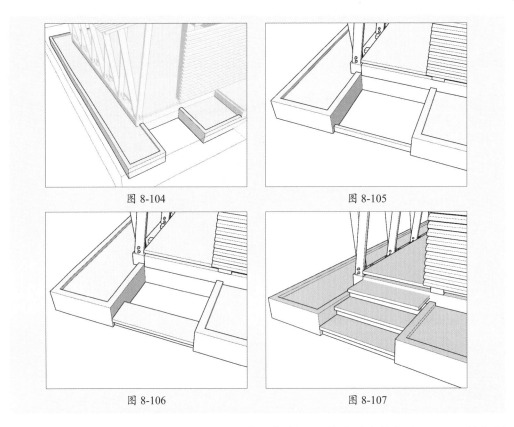

图 8-104   图 8-105

图 8-106   图 8-107

步骤 07 双击地板模型进入编辑模式，使用推拉工具将台阶向外推出90mm，并复制用于支撑的长方体，即可完成台阶造型的制作，如图8-108所示。

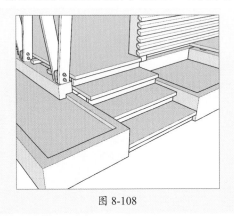

图 8-108

8.2.5 制作入户雨棚

入户门处的雨棚造型与休闲区顶棚相同，可以通过复制再修改的方式进行制作，主要应用到"模型交错"功能。操作步骤如下。

步骤 01 选择休闲区的顶棚、斜梁、支架、螺丝等模型，复制到入户门外，如图8-109

所示。

步骤 02 调整顶棚和支架等模型的位置，如图8-110所示。

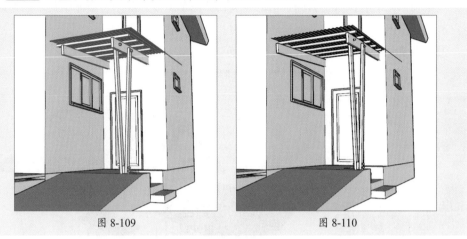

图 8-109　　　　　　　　　　图 8-110

步骤 03 将顶棚模型炸开，再选择顶棚和建筑墙体模型，单击鼠标右键，在弹出的菜单中选择"模型交错"|"模型交错"命令，即可创建相交线，如图8-111所示。

步骤 04 隐藏屋顶模型，删除位于建筑内部的面，再重新创建成群组，如图8-112所示。

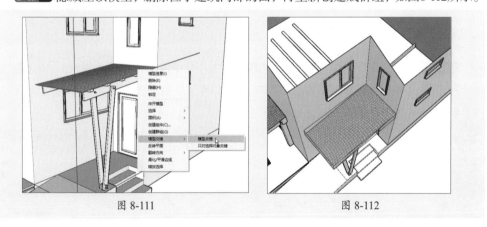

图 8-111　　　　　　　　　　图 8-112

步骤 05 照此方法再处理其他横梁等模型，即可完成入户雨棚的制作，如图8-113所示。

图 8-113

8.3　添加场景材质

　　模型制作完毕后，需要为场景中的各类物体添加材质。除了材质库中自带的材质外，用户也可以使用准备好的贴图创建新的材质。操作步骤介绍如下。

　　步骤 01 激活材质工具，打开"材质"面板，从"屋顶"材质集中选择"红色直立缝金属屋顶"材质并赋予屋顶模型，如图8-114和图8-115所示。

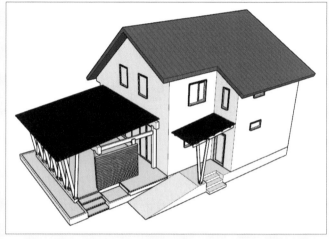

图 8-114　　　　　　　　　　　　　　　　　　　图 8-115

　　步骤 02 从"金属"材质集中选择"铝"材质并赋予窗框，从"木质纹"材质集中选择"原色樱桃木"材质并赋予窗台，从"玻璃和镜子"材质集中选择"半透明玻璃"材质并赋予玻璃面，如图8-116～图8-118所示。

图 8-116　　　　　　　　　　　　图 8-117　　　　　　　　　　　　图 8-118

　　步骤 03 赋予材质后的窗户效果如图8-119所示。

　　步骤 04 继续为其他窗户赋予材质，如图8-120所示。

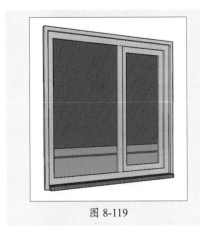

图 8-119

图 8-120

步骤 05 将樱桃木材质赋予休闲区支架及横梁等，再选择"灰色半透明玻璃"材质并赋予两块顶棚模型，如图8-121和图8-122所示。

图 8-121

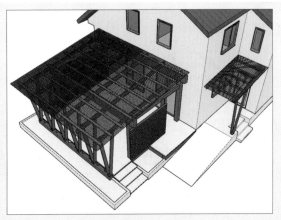

图 8-122

步骤 06 选择一个顶棚，双击进入编辑模式，选择内部的边线，单击鼠标右键，在弹出的菜单中选择"隐藏"命令，边线隐藏前后效果如图8-123和图8-124所示。

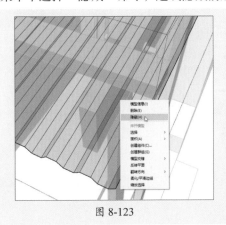

图 8-123

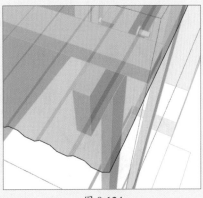

图 8-124

步骤 07 在"编辑"选项板中调整玻璃材质的颜色，如图8-125和图8-126所示。

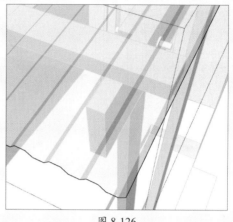

图 8-125　　　　　　　　　　　　图 8-126

步骤 08 照此方法再调整另外一个顶棚的边线，如图8-127所示。

步骤 09 选择"沥青和混凝土"材质，赋予建筑休闲区底部，如图8-128所示。

图 8-127　　　　　　　　　　　　图 8-128

步骤 10 选择"人造草被"材质并赋予花池内部，如图8-129所示。

步骤 11 单击"添加材质"按钮，打开"创建材质"对话框，勾选"使用纹理贴图"复选框，会打开"选择图像"对话框，选择合适的贴图文件，如图8-130所示。

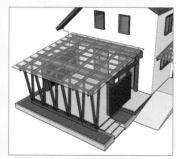

图 8-129　　　　　　　　　　　　图 8-130

步骤 **12** 单击"打开"按钮返回"创建材质"对话框,再单击"好"按钮即可创建材质,如图8-131所示。

步骤 **13** 将材质赋予休闲区地板模型,如图8-132所示。

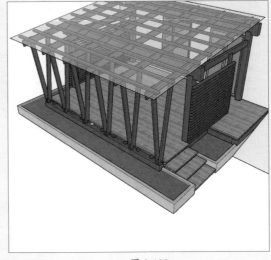

图 8-131

图 8-132

步骤 **14** 在"编辑"选项板中重新调整贴图尺寸,如图8-133所示。

步骤 **15** 调整后的材质效果如图8-134所示。

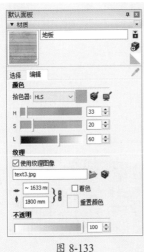

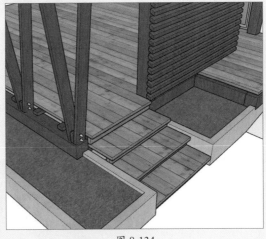

图 8-133

图 8-134

步骤 **16** 创建墙板材质,调整贴图尺寸,如图8-135所示。

步骤 **17** 将材质赋予墙体以及入户门外地面,如图8-136所示。

步骤 **18** 在"材质"面板的"编辑"选项板中勾选"着色"复选框,再调整颜色,如图8-137所示。

步骤 **19** 调整后的材质效果如图8-138所示。

图 8-135

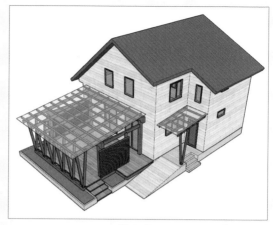

图 8-136

图 8-137

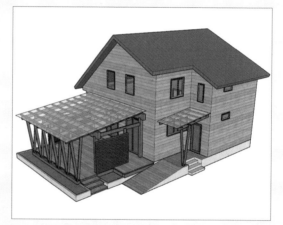

图 8-138

步骤 20 在"材质"面板中重新调整窗户玻璃的材质颜色，如图8-139所示。

步骤 21 设置后的效果如图8-140所示。

图 8-139

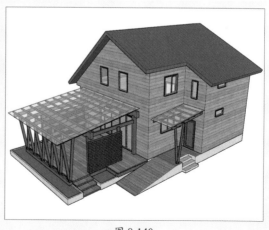

图 8-140

8.4 完善室外环境

本小节将会为场景添加桌椅、人物、绿植等模型，合理的布置与装饰会使场景看起来更加宜人。

步骤 01 为休闲区添加餐桌椅、休闲桌椅、人物、绿植等模型，并进行合理布局，如图8-141所示。

图 8-141

步骤 02 为花池添加各种花木和盆栽模型，如图8-142和图8-143所示。

图 8-142

图 8-143

步骤 03 执行"视图"|"阴影"命令，打开阴影效果，如图8-144所示。

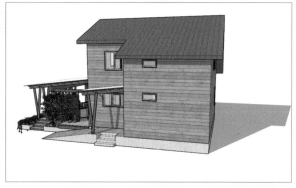

图 8-144

步骤 04 打开默认面板中的"阴影"面板，重新调整时间、日期以及阴影的明暗，如图8-145所示。

步骤 05 最终设置的别墅效果如图8-146所示。

图 8-145

图 8-146

学 习 心 得

第 **9** 章

小区建筑场景
效果表现

本章概述

　　本章将介绍一个住宅小区场景模型及效果的制作，包含多层及高层住宅楼建筑模型的创建、别墅模型的创建以及场景环境的完善。通过本章的学习，可掌握各种建模技巧以及场景气氛的营造方法。

要点难点

- 多层及高层建筑的创建 ★★★
- 别墅区建筑的创建 ★★★
- 装饰室外环境 ★☆☆
- 设置背景与天空 ★★☆

小区建筑场景效果图

9.1 制作多层及高层建筑 //

本小节要制作的是小区中多层及高层建筑模型，因各层建筑户型相同，因此只需要制作一层模型再进行复制即可。

9.1.1 导入AutoCAD文件

在制作模型之前，首先将平面布置图导入，这可以为后面模型的创建节省很多时间，操作步骤如下。

步骤 01 启动SketchUp应用程序，执行"文件" | "导入"命令，在"导入"对话框中选择AutoCAD图形文件，如图9-1所示。

步骤 02 单击"选项"按钮，打开"导入AutoCAD DWG/DXF选项"对话框，勾选"合并共面平面"复选框和"平面方向一致"复选框，设置导入单位为"毫米"，如图9-2所示。

图 9-1

图 9-2

步骤 03 单击"好"按钮关闭话框，再单击"导入"按钮将平面图导入SketchUp中，效果如图9-3所示。

步骤 04 按X键快速将对象分解，再激活擦除工具，删除窗户、电梯等多余的线条，如图9-4所示。

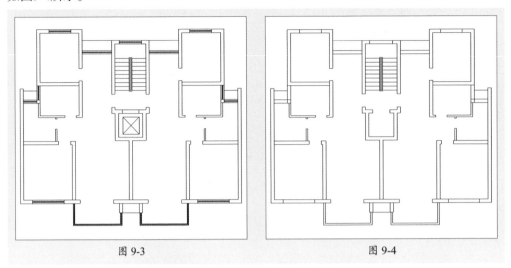

图 9-3   图 9-4

9.1.2　制作住宅楼单体

接下来根据导入的平面图形来创建建筑模型，操作步骤如下。

步骤 01 激活直线工具，捕捉连接墙体平面，如图9-5所示。

步骤 02 选择墙体平面，并单击鼠标右键，在弹出的快捷菜单中红选择"创建群组"命令，如图9-6所示。

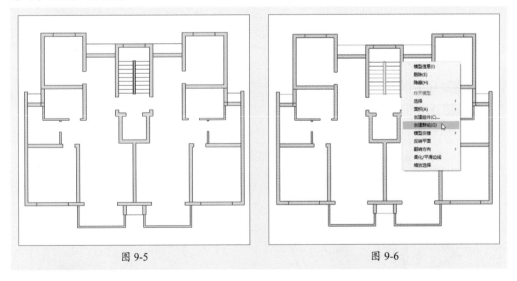

图 9-5   图 9-6

步骤 03 将图形平面创建成组，双击进入编辑模式，如图9-7所示。

步骤 04 全选图形，单击鼠标右键，在弹出的快捷菜单中选择"反转平面"命令，将所有平面反转，如图9-8所示。

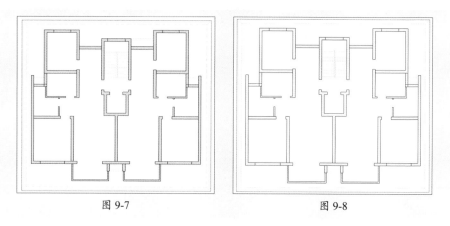

图 9-7   图 9-8

步骤 05 激活推拉工具，将部分墙体向上推出2880mm，如图9-9所示。

步骤 06 推拉窗户位置的墙体，分别向上推出300mm、900mm、1680mm，如图9-10所示。

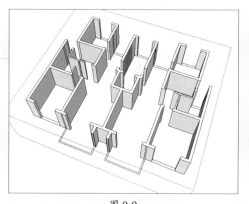 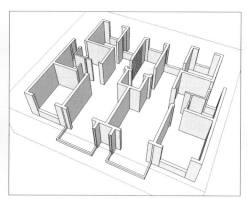

图 9-9   图 9-10

步骤 07 利用移动工具、推拉工具创建门洞和窗洞，如图9-11所示。

步骤 08 选择阳台地台，激活移动工具，按住Ctrl键向上复制，如图9-12所示。

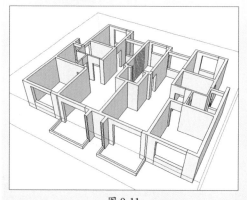 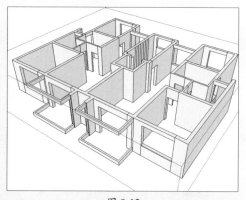

图 9-11   图 9-12

步骤 09 清除墙体上多余的线条，如图9-13所示。

步骤 10 退出编辑状态，激活矩形工具，捕捉窗洞绘制矩形，如图9-14所示。

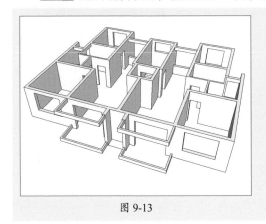

图 9-13

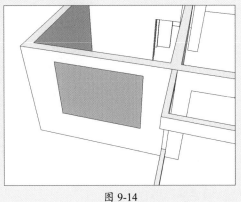

图 9-14

步骤 11 将矩形创建成组，双击进入编辑状态，激活偏移工具，将矩形边框向内偏移60mm，如图9-15所示。

步骤 12 激活移动工具，按住Ctrl键复制内部边线，如图9-16所示。

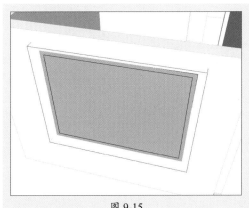

图 9-15

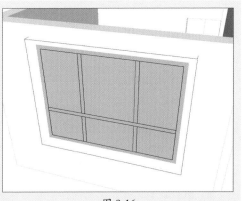

图 9-16

步骤 13 删除内部的面以及多余的线条，如图9-17所示。

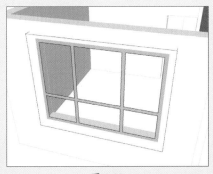

图 9-17

步骤 14 激活推拉工具，将面向外推出60mm，制作出窗框，如图9-18所示。

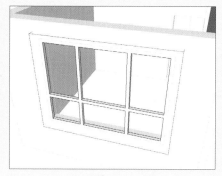

图 9-18

步骤 15 激活矩形工具与推拉工具，创建厚度为12mm的长方体作为玻璃，并放置到窗框中，如图9-19所示。

步骤 16 照此操作方法创建其他位置的窗户模型，如图9-20所示。

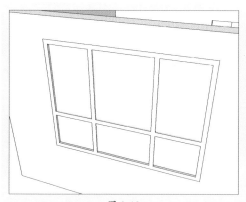

图 9-19

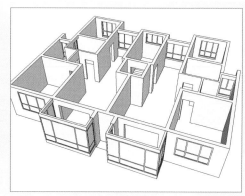

图 9-20

步骤 17 激活直线工具和推拉工具，制作出100mm厚的空调外机平台，如图9-21所示。

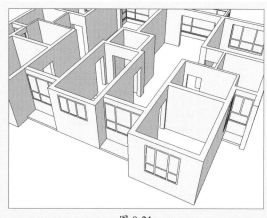

图 9-21

步骤 18 选择所有模型并创建成组，向上复制出11层，如图9-22所示。

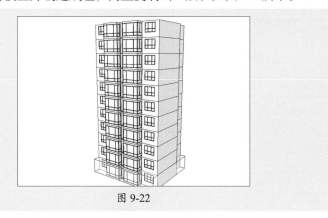

图 9-22

9.1.3 制作建筑单元入口及顶部

本小节主要介绍单元楼入口台阶及顶部模型的制作，操作步骤如下。

步骤 01 双击一层模型，删除一层楼梯位置的窗户，如图9-23所示。

步骤 02 激活推拉工具，将窗户底面向下推到底，将窗户改作门洞，如图9-24所示。

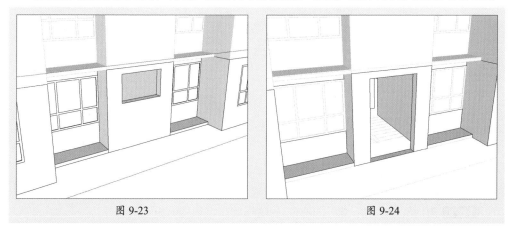

图 9-23   图 9-24

步骤 03 激活直线工具，捕捉建筑底部一圈绘制出面，并创建成组，如图9-25所示。

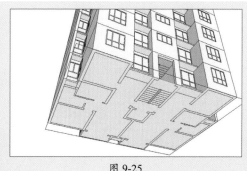

图 9-25

步骤 04 双击进入编辑模式，激活推拉工具，将面向下推出600mm，如图9-26所示。

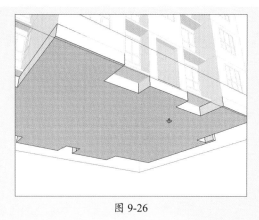

图 9-26

步骤 05 继续将一层入口处的墙体推出1500mm，如图9-27所示。

步骤 06 激活移动工具，按住Ctrl键将边线向下依次复制，复制距离为150mm，如图9-28所示。

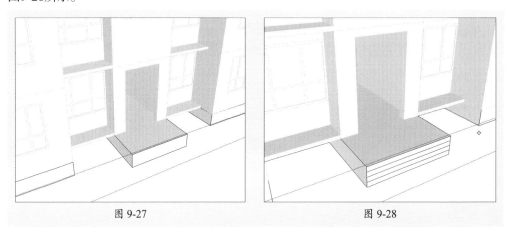

图 9-27   图 9-28

步骤 07 激活推拉工具，推出300mm的阶梯踏步，如图9-29所示。

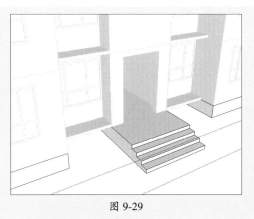

图 9-29

步骤 08 激活矩形工具，捕捉绘制矩形并创建成组，再移动到合适的位置，如图9-30所示。

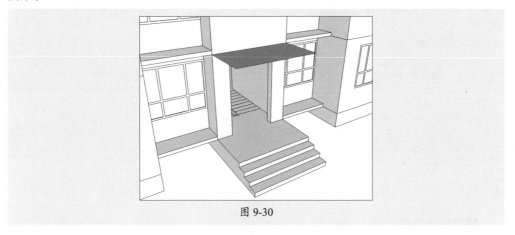

图 9-30

步骤 09 双击进入编辑模式，激活推拉工具，将面向上推出400mm，如图9-31所示。

步骤 10 按住Ctrl键，继续向上推出100mm，如图9-32所示。

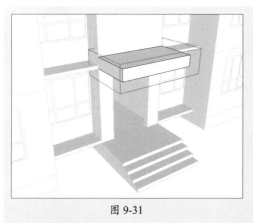

图 9-31

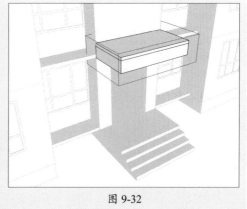

图 9-32

步骤 11 将周边向外推出50mm，再删除多余线条，如图9-33所示。

图 9-33

步骤 12 照此操作步骤继续创建一层，如图9-34所示。

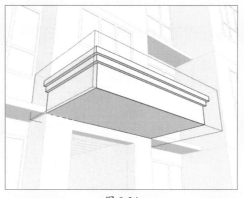

图 9-34

步骤 13 利用矩形工具和推拉工具制作柱子，完成入口的制作，这样就制作好了一个单元，如图9-35所示。

步骤 14 复制建筑模型，使其成为一栋楼，如图9-36所示。

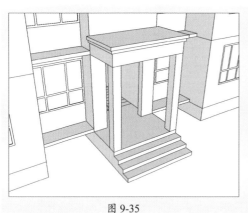

图 9-35

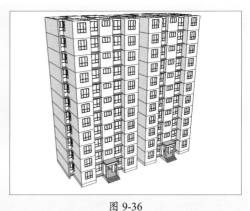

图 9-36

步骤 15 激活直线工具，在楼顶部捕捉绘制面，如图9-37所示。

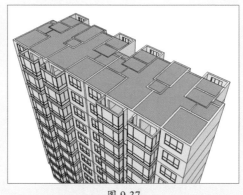

图 9-37

步骤 16 将面创建成组，双击进入编辑模式，激活推拉工具，将面向上推出400mm，如图9-38所示。

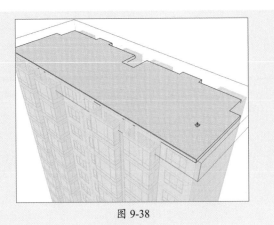

图 9-38

步骤 17 导入一个350mm的外墙线条截面图形，如图9-39所示。

步骤 18 将线条图形移动到屋顶的一处，如图9-40所示。

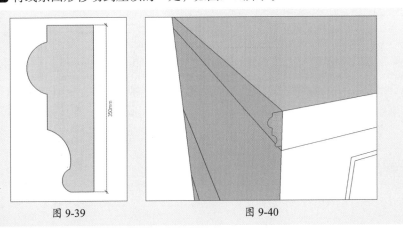

图 9-39　　　　　　　　　　　　　　　图 9-40

步骤 19 激活路径跟随工具，制作出屋顶轮廓模型，如图9-41所示。

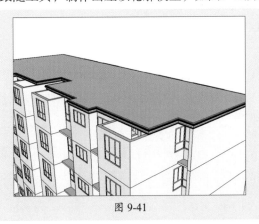

图 9-41

步骤20 隐藏制作好的屋顶模型，再激活直线工具，继续捕捉顶部，绘制另外一个面，如图9-42所示。

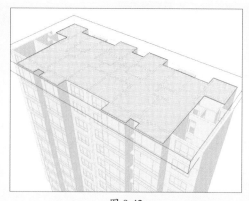

图 9-42

步骤21 激活推拉工具，将面向上推出1000mm，如图9-43所示。

步骤22 取消隐藏所有模型，即可完成多层建筑单体模型的制作，如图9-44所示。

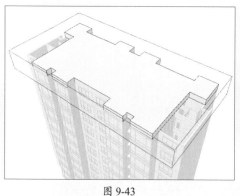

图 9-43

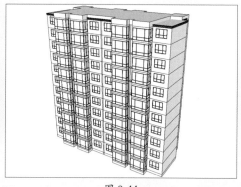

图 9-44

9.1.4　制作高层住宅楼群

单栋建筑制作完毕以后，还需要为建筑赋予材质，增加装饰，并复制出多栋建筑，操作步骤如下。

步骤01 激活矩形工具，绘制80000mm×30000mm的矩形，如图9-45所示。

步骤02 激活圆弧工具，制作半径为3000mm的圆角，如图9-46所示。

图 9-45

图 9-46

步骤 03 激活偏移工具，将边线向内偏移1500mm，如图9-47所示。

步骤 04 激活推拉工具，将内部的面向上推出200mm，将外圈的面向上推出100mm，如图9-48所示。

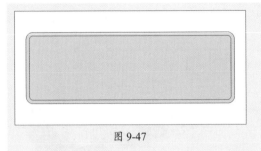

图 9-47

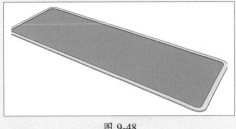

图 9-48

步骤 05 将住宅楼模型移动到合适的位置，距两侧均为4000mm，如图9-49所示。

步骤 06 利用移动工具、推拉工具，制作单元入口地面造型，如图9-50所示。

图 9-49

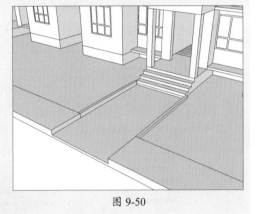

图 9-50

步骤 07 再制作另一单元楼入口地面造型，如图9-51所示。

步骤 08 激活材质工具，打开"材质"面板的"园林绿化、地被层和植被"材质集，如图9-52所示。

图 9-51

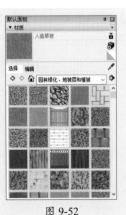

图 9-52

步骤 09 选择"人造草被"材质，赋予草皮地面，如图9-53所示。

步骤 10 选择"砖、覆层和壁板"材质集中的"多色石块"材质，指定给人行步道，如图9-54所示。

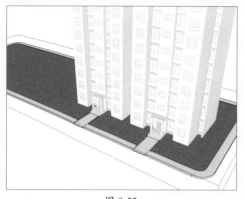
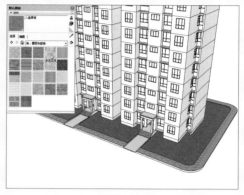

图 9-53 图 9-54

步骤 11 新建"墙砖1"材质，为其添加墙砖贴图，并调整贴图尺寸，如图9-55所示。

步骤 12 将材质指定给一层墙体模型，如图9-56所示。

图 9-55 图 9-56

步骤 13 继续创建"墙砖2"材质，添加贴图，并调整贴图尺寸，如图9-57所示。

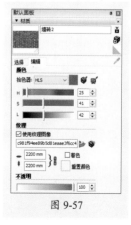

图 9-57

步骤 14 将材质指定给其他楼层，如图9-58所示。

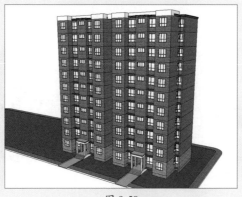

图 9-58

步骤 15 选择"黑灰"材质，将其指定给窗框，如图9-59所示。

步骤 16 选择"灰色半透明玻璃"材质，将其指定给场景中的玻璃模型，如图9-60所示。

图 9-59

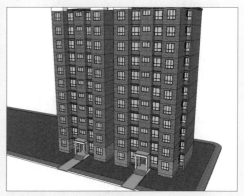

图 9-60

步骤 17 选择"灰色"材质，将其指定给建筑单元入口以及建筑顶部，如图9-61所示。

步骤 18 复制建筑模型，再复制单元入口路面造型，如图9-62所示。

图 9-61

图 9-62

步骤 19 利用移动工具、推拉工具制作两个建筑之间宽3000mm的道路，如图9-63所示。

步骤 20 在草坪上添加灌木模型并进行复制，如图9-64所示。

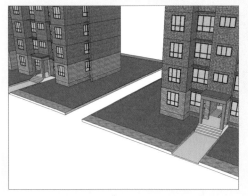

图 9-63   图 9-64

步骤 21 添加树木模型并进行复制，如图9-65所示。

步骤 22 复制模型，并调整前排楼层，如图9-66所示。

图 9-65   图 9-66

步骤 23 继续复制住宅楼模型，布置出高层住宅区，如图9-67所示。

图 9-67

9.2　制作别墅区建筑 ///////////////////////////////////

多层及高层建筑区域制作完毕后，接下来制作别墅区的建筑。

9.2.1　制作别墅主体建筑模型

场景中的别墅模型分为三层，仍然是通过导入CAD平面图的方式来制作模型。操作步骤如下。

步骤 01 导入别墅CAD图纸到SketchUp中，如图9-68所示。

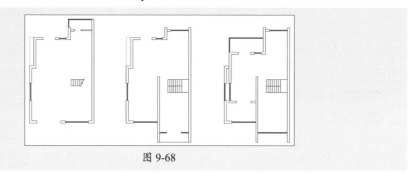

图 9-68

步骤 02 分解图形，激活直线工具，捕捉绘制墙体轮廓，如图9-69所示。

步骤 03 激活推拉工具，将墙体向上推出4000mm，如图9-70所示。

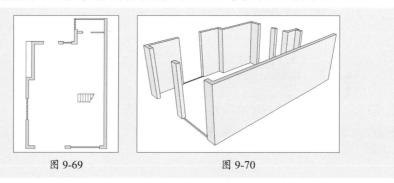

图 9-69　　　　　　　　　　　　图 9-70

步骤 04 激活移动工具、推拉工具，制作出600mm高的门洞及窗洞上梁，如图9-71所示。

步骤 05 继续制作1200mm高的窗台，删除多余的线条，如图9-72所示。

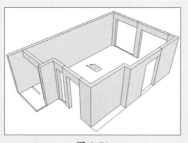

图 9-71　　　　　　　　　　　　图 9-72

步骤 06 激活直线工具、推拉工具，推出2400mm的平台，删除多余的线条，如图9-73所示。

步骤 07 激活直线工具，捕捉绘制顶部的面，如图9-74所示。

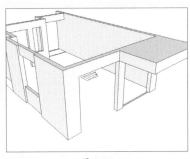 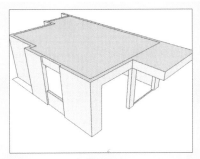

图 9-73　　　　　　　　　　　　　　图 9-74

步骤 08 将墙体模型创建成组，再激活矩形工具，捕捉绘制地面，如图9-75所示。

步骤 09 激活推拉工具，将地面向下推出600mm，如图9-76所示。

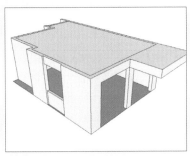 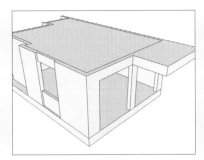

图 9-75　　　　　　　　　　　　　　图 9-76

步骤 10 继续将入户位置的地面向外推出1200mm的平台，如图9-77所示。

步骤 11 将地面模型创建成组，双击进入编辑模式，激活移动工具，向下复制边线，设置距离为150mm，如图9-78所示。

 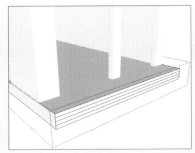

图 9-77　　　　　　　　　　　　　　图 9-78

步骤 12 激活推拉工具，推出300mm宽的踏步，如图9-79所示。

步骤 13 激活矩形工具，捕捉门洞绘制一个矩形，如图9-80所示。

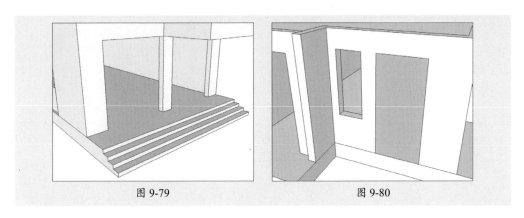

图 9-79   图 9-80

步骤 14 将矩形创建成组，双击进入编辑状态，激活偏移工具，将矩形边框向内偏移50mm，如图9-81所示。

步骤 15 分别激活直线工具、移动工具，制作50mm宽、2200mm高的门框轮廓，如图9-82所示。

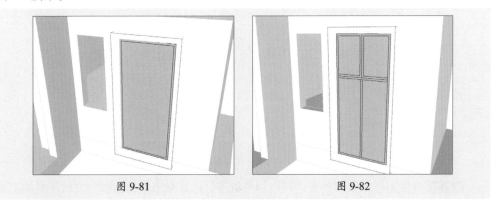

图 9-81   图 9-82

步骤 16 激活推拉工具，推出50mm厚度的窗框，如图9-83所示。

步骤 17 照此方法再制作其他的门窗模型，完成一层模型的制作，如图9-84所示。

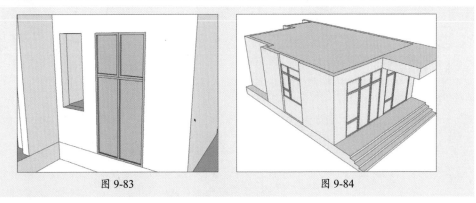

图 9-83   图 9-84

步骤 18 清除二层平面图中多余的线条，如图9-85所示。

步骤 19 激活直线工具，绘制墙体轮廓，如图9-86所示。

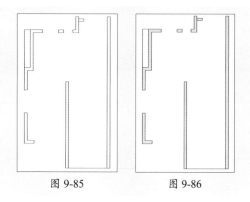

图 9-85   图 9-86

步骤 20 激活推拉工具，推出3700mm的墙体，如图9-87所示。

步骤 21 利用移动工具、推拉工具制作门洞及窗洞造型，如图9-88所示。

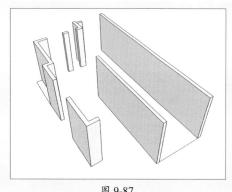 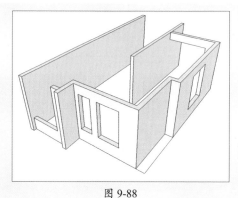

图 9-87   图 9-88

步骤 22 激活矩形工具，捕捉绘制空调外机平台。再激活推拉工具，将该平台向上推出100mm，如图9-89所示。

步骤 23 将模型创建成组，与一层模型对齐，如图9-90所示。

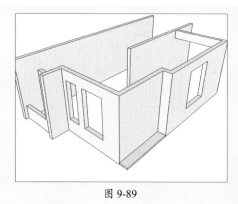 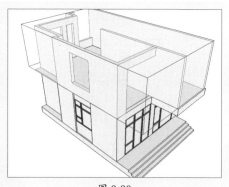

图 9-89   图 9-90

步骤 24 对两层模型进行统一调整，使外墙墙体与窗户都能够匹配，如图9-91所示。

步骤 25 按照前面的操作方法制作二层的门窗模型，如图9-92所示。

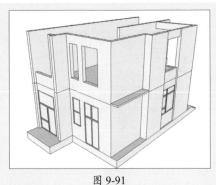

图 9-91

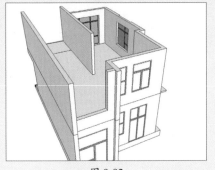

图 9-92

步骤 26 激活直线工具，为二层添加顶面，如图9-93所示。

步骤 27 制作宽为1200mm的一层挡雨板，如图9-94所示。

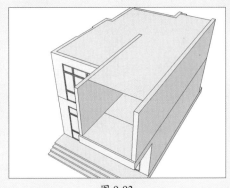

图 9-93

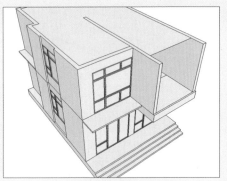

图 9-94

步骤 28 清理三层平面图中多余的线条，如图9-95所示。

步骤 29 激活直线工具，绘制墙体轮廓，如图9-96所示。

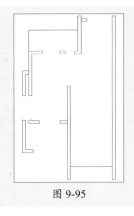

图 9-95

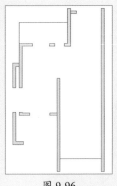

图 9-96

步骤 30 激活推拉工具，分别推出4000mm和1100mm高的墙体，再删除多余的线条，如图9-97所示。

步骤 31 制作出高度为1000mm的门窗上梁，如图9-98所示。

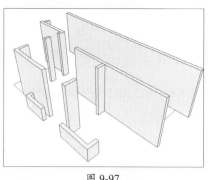

图 9-97

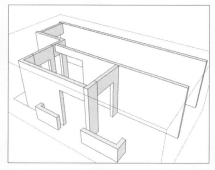

图 9-98

 再制作高度分别为900mm、300mm的地台及窗台，如图9-99所示。

步骤 33 将三层模型移动到二层模型上并对齐，如图9-100所示。

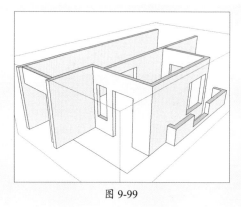

图 9-99

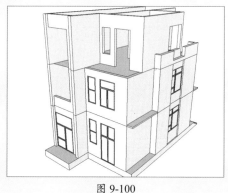

图 9-100

步骤 34 复制二层窗户模型到三层，并进行适当的尺寸调整，使其与门窗洞匹配，如图9-101所示。

步骤 35 激活矩形工具，捕捉一侧的窗洞绘制一个矩形，如图9-102所示。

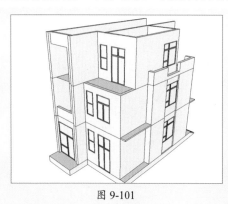

图 9-101

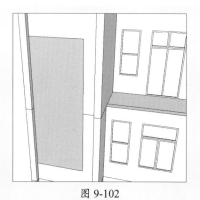

图 9-102

步骤 36 利用偏移工具、移动工具绘制出窗格造型，如图9-103所示。

步骤 37 激活偏移工具，将窗格中的十字造型边线向内偏移30mm，如图9-104所示。

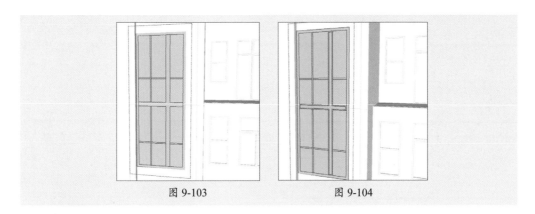

图 9-103　　　　　　　　　　图 9-104

步骤 38 激活推拉工具，推出窗框造型，如图9-105所示。

步骤 39 复制窗户模型到另一侧并进行旋转，对齐到合适的位置，再对模型的尺寸进行调整，使其整体高度高出墙体400mm，如图9-106所示。

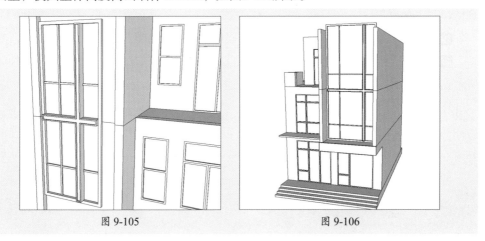

图 9-105　　　　　　　　　　图 9-106

步骤 40 双击墙体模型进入编辑状态，激活直线工具分割墙体，如图9-107所示。

步骤 41 激活推拉工具，推拉墙体顶部的造型，如图9-108所示。

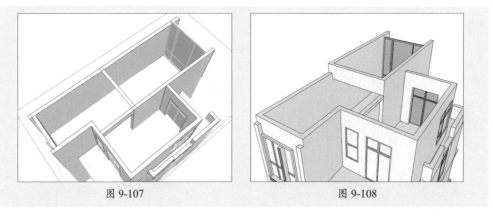

图 9-107　　　　　　　　　　图 9-108

步骤 42 分别激活直线工具、推拉工具，制作屋顶，如图9-109所示。

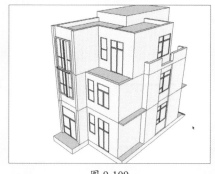

图 9-109

9.2.2　制作栏杆构件

　　这里要制作的构件主要是栏杆模型，该场景中包含两种样式的栏杆造型，下面介绍具体绘制步骤。

　　步骤 01 激活直线工具，捕捉拐角绘制直线，如图9-110所示。

　　步骤 02 选择直线，再激活偏移工具，将直线向内依次偏移50mm、50mm，如图9-111所示。

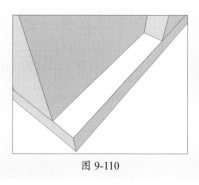

图 9-110

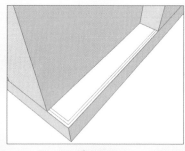

图 9-111

　　步骤 03 激活直线工具、推拉工具，制作高度为50mm的模型，并创建成组，如图9-112所示。

　　步骤 04 激活移动工具，向上移动并复制模型，设置间距为50mm，如图9-113所示。

图 9-112

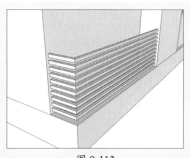

图 9-113

步骤 05 双击最上方的模型进入编辑状态，激活推拉工具，将栏杆扶手外侧的面向外推出50mm，完成空调外机平台栏杆模型的制作，如图9-114所示。

步骤 06 将模型创建成组，并复制到二层，如图9-115所示。

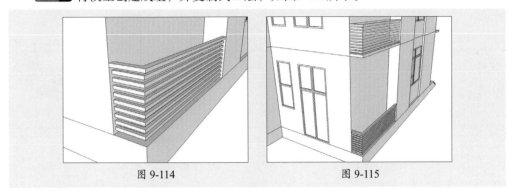

图 9-114   图 9-115

步骤 07 复制模型到其他位置，并进行适当调整，如图9-116所示。

步骤 08 再制作另外一种栏杆模型。利用直线工具、推拉工具制作50mm×100mm的栏杆扶手，如图9-117所示。

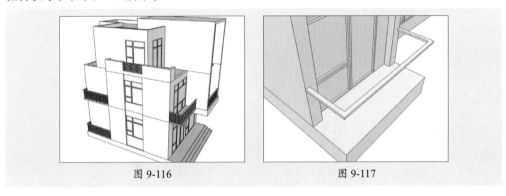

图 9-116   图 9-117

步骤 09 利用矩形工具、推拉工具制作50mm×50mm×1000mm的栏杆立柱，再将其创建成组，如图9-118所示。

步骤 10 双击进入编辑状态，激活偏移工具，将上方的边线向内偏移15mm，再利用推拉工具将中间的面向上推出，如图9-119所示。

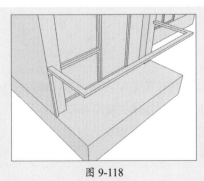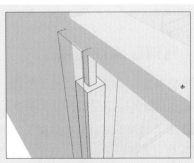

图 9-118   图 9-119

步骤 **11** 激活矩形工具，绘制750mm×1000mm的矩形面，放置到栏杆位置，如图9-120所示。

步骤 **12** 复制面和立柱并进行适当的调整，完成该阳台栏杆模型的制作，如图9-121所示。

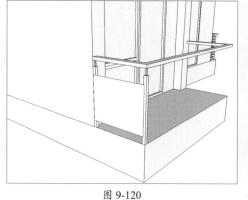 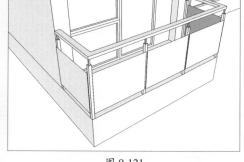

图 9-120   图 9-121

步骤 **13** 复制栏杆模型到其他位置，并进行适当的调整，完成整体别墅模型的创建，如图9-122所示。

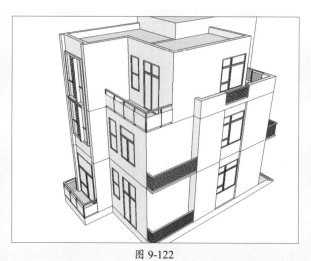

图 9-122

9.2.3 为别墅添加材质

别墅模型制作完毕后，为其赋予材质。本案例中的别墅模型为现代风格，整体建筑简单大方，在材质的使用上也是较为简单。下面介绍具体的操作步骤。

步骤 **01** 激活材质工具，打开"材质"面板，选择一种深蓝色材质，如图9-123所示。

步骤 **02** 将材质指定给门框、窗框以及栏杆模型，如图9-124所示。

图 9-123   图 9-124

步骤 03 在"材质"面板中选择"灰色半透明玻璃"材质，再单击"创建材质"按钮，打开"创建材质"对话框，将材质重命名为"玻璃"，如图9-125所示。

步骤 04 勾选"使用纹理图像"复选框，在弹出的"选择图像"对话框中选择合适的贴图，如图9-126所示。

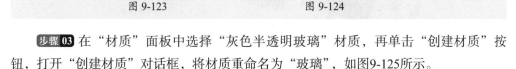

图 9-125   图 9-126

步骤 05 添加贴图后的效果如图9-127所示，完成玻璃材质的创建。

步骤 06 将所有门窗模型单独创建成组，并将其嵌套群组全部分解，如图9-128所示。

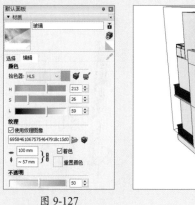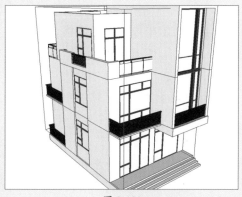

图 9-127   图 9-128

步骤 07 双击进入编辑状态，将创建的玻璃材质指定给模型中的玻璃面，如图9-129所示。

步骤 08 在"材质"面板中重新调整材质贴图的尺寸，如图9-130所示。

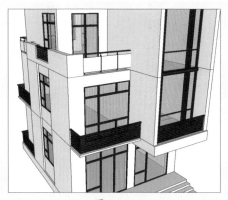

图 9-129

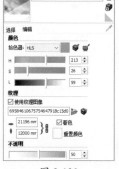

图 9-130

步骤 09 调整后的别墅效果如图9-131所示。

步骤 10 继续在"材质"面板中选择"半透明安全玻璃"材质，调整材质颜色及不透明度，如图9-132所示。

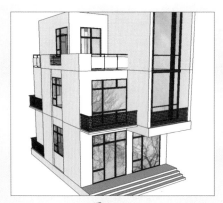

图 9-131

图 9-132

步骤 11 将材质指定给阳台栏杆的玻璃，效果如图9-133所示。

图 9-133

步骤 12 在"材质"面板中选择"灰色"材质,并指定给部分墙体的面,效果如图9-134所示。

图 9-134

9.3 完善别墅区环境

别墅模型制作完毕后,就可以进行别墅群以及周边环境的创建了,具体操作步骤如下。

步骤 01 将别墅模型创建成组,并向一侧进行复制操作,如图9-135所示。

步骤 02 执行"视图"|"坐标轴"命令,显示坐标轴,可以看到建筑是沿红色轴线分布的,如图9-136所示。

图 9-135

图 9-136

步骤 03 选择一侧模型并单击鼠标右键,在弹出的快捷菜单中选择"翻转方向"|"组的红轴"命令,如图9-137所示。

步骤 04 即可将模型镜像,移动并对齐模型,如图9-138所示。

图 9-137

图 9-138

步骤 05 观察模型，对不合理的墙体区域进行微调，如图9-139所示。

步骤 06 复制草皮模型，并调整造型使其成为一个整体，如图9-140所示。

图 9-139

图 9-140

步骤 07 将创建的别墅模型复制到草皮上，调整位置，如图9-141所示。

步骤 08 添加灌木、树木等模型，复制模型并进行合理的布置，如图9-142所示。

图 9-141

图 9-142

步骤 09 继续复制模型，如图9-143所示。

步骤 10 为场景添加汽车、人物模型，并放置到合适的位置。至此，完成小区整体环境的制作，如图9-144所示。

图 9-143

图 9-144

9.4　场景效果的制作

最后，要美化场景效果。

步骤 01 打开默认面板中的"格式"面板，在"背景"设置面板中勾选"地面"复选框，并设置地面颜色为深灰色，调整视口，效果如图9-145所示。

图 9-145

步骤 02 在"样式"面板中切换到"水印设置"模式，单击"添加水印"按钮 ⊕，选择合适的图片作为水印，在弹出的"创建水印"对话框中选择"背景"选项，效果如图9-146所示。

图 9-146

步骤 03 继续单击两次"下一步"按钮，设置水印在屏幕中的位置，如图9-147所示。

图 9-147

步骤 04 单击"完成"按钮，完成背景水印的添加，创建"场景1"，如图9-148所示。

图 9-148

步骤 05 打开"阴影"面板，开启阴影，效果如图9-149所示。

图 9-149

步骤 06 调整时间至9月10日，再设置光线亮值为100、暗值为50，效果如图9-150所示。

图 9-150

步骤 07 切换到另一个视口，添加人物、汽车模型，并创建场景，效果如图9-151所示。

图 9-151

参 考 文 献

[1] 姜洪侠，张楠楠. Photoshop CC 图形图像处理标准教程 [M]. 北京：人民邮电出版社，2016.

[2] 周建国. Photoshop CC 图形图像处理标准教程 [M]. 北京：人民邮电出版社，2016.

[3] 孔翠，杨东宇，朱兆曦. 平面设计制作标准教程 Photoshop CC + Illustrator CC [M]. 北京：人民邮电出版社，2016.

[4] 沿铭洋，聂清彬. Illustrator CC 平面设计标准教程 [M]. 北京：人民邮电出版社，2016.